园艺园林专业系列教材

园林机具的使用与维护

仲子平　主　编

苏州大学出版社

图书在版编目(CIP)数据

园林机具的使用与维护/仲子平主编. —苏州：苏州大学出版社,2009.3(2024.8重印)
(园艺园林专业系列教材)
ISBN 978-7-81137-215-1

Ⅰ.园… Ⅱ.仲… Ⅲ.①园林机械－使用－高等学校－教材②园林机械－维修－高等学校－教材 Ⅳ.TU986.3

中国版本图书馆 CIP 数据核字(2009)第 023428 号

园林机具的使用与维护

仲子平　主编

责任编辑　苏　秦

苏州大学出版社出版发行
(地址：苏州市十梓街1号　邮编：215006)
广东虎彩云印刷有限公司印装
(地址：东莞市虎门镇黄村社区厚虎路20号C幢一楼　邮编：523898)

开本 787mm×1 092mm　1/16　印张 13.5　字数 322 千
2009 年 3 月第 1 版　2024 年 8 月第 20 次印刷
ISBN 978-7-81137-215-1　定价：42.00 元

图书若有印装错误，本社负责调换
苏州大学出版社营销部　电话：0512 - 67481020
苏州大学出版社网址　http://www.sudapress.com

园艺园林专业系列教材编委会

顾　　问：蔡曾煜
主　　任：成海钟
副 主 任：钱剑林　潘文明　唐　蓉　尤伟忠
委　　员：袁卫明　陈国元　周玉珍　华景清
　　　　　束剑华　龚维红　黄　顺　李寿田
　　　　　陈素娟　马国胜　周　军　田松青
　　　　　仇恒佳　吴雪芬　仲子平

前言

近年来,随着我国经济社会的发展和人们生活水平的不断提高,园艺园林产业获得了长足的发展,编写贴近园艺园林科研和生产实际需求、凸显时代性和应用性的职业教育、农村科技人员及从事园艺园林生产农户的学习参考用书便成为摆在园艺园林教学和科研工作者面前的重要任务。

苏州农业职业技术学院的前身是创建于1907年的苏州府农业学堂,是我国"近现代园艺与园林职业教育的发祥地"。园艺技术专业是学院的传统重点专业,是"江苏省高校品牌专业",在此基础上拓展而来的园林技术专业是"江苏省特色专业建设点"。该专业自1912年开始设置以来,秉承"励志耕耘、树木树人"的校训,培养了以我国花卉学先驱章守玉先生为代表的大批园艺园林专业人才,为江苏省乃至全国的园艺事业发展作出了重要贡献。

近几年来,结合江苏省品牌、特色专业建设,学院园艺专业推行了以"产教结合、工学结合,专业教育与职业资格证书相融合、职业教育与创业教育相融合"的"两结合两融合"人才培养改革,并以此为切入点推动课程体系与教学内容改革,以适应新时期高素质技能型人才培养的要求。本套丛书正是这一轮改革的成果之一。丛书的主编和副主编大多为学院具有多年教学和实践经验的高级职称的教师,并聘请具有丰富生产、经营经验的企业人员参与编写。编写人员按照理论知识"必须、够用"、实践技能"先进、实用"的"能力本位"的原则确定编写内容,并借鉴课程结构模块化的思路和方法进行丛书编写,力求及时反映科技和生产发展实际,力求充分体现自身特色和农村教育特点。本套丛书不仅可以满足职业院校相关专业的教学之需,也适合作为农村园艺园林从业人员技能培训教材或提升技能的自学参考书。

由于时间仓促和作者水平有限,书中错误之处在所难免,敬请同行专家、读者提出意见,以便再版时修改!

园艺园林专业系列教材编写委员会

编写说明

本书根据国内外园林机具的发展水平，结合生产实际，深入浅出地介绍了园林园艺生产中常用的机械与设备的结构、工作过程、操作技能以及维护技术，使学习者能正确、高效地运用各类园林机具为园林园艺生产服务。

本书的编写过程注重理论联系生产实际，力求通俗易懂，具有很强的可读性、实用性，能帮助读者解决生产中的实际问题。

本书由仲子平任主编，田明任副主编。绪论、第1章、第6章、第7章、第8章由仲子平编写，第2章、第3章、第4章、第5章由田明编写，各章的"案例分析"由苏州市星火绿化物资中心的朱平华协助编写。全书由仲子平统稿。本书由长期从事园林机具教学、科研和维护的高级讲师沈懋济担任主审。

由于编者水平有限，书中定有不当之处，恳请广大读者批评指正。

编　者

目录 Contents

第0章　绪　论

0.1　园林绿化及其机械化作业的意义 …………………………………… 001
0.2　园林机具行业发展概况 ………………………………………………… 001
0.3　本课程学习的目的、要求、内容和教学方法 ………………………… 002

第一篇　动　力　篇

第1章　内燃机

1.1　概述 ……………………………………………………………………… 005
1.2　内燃机工作原理 ………………………………………………………… 008
1.3　机体与曲柄连杆机构 …………………………………………………… 011
1.4　配气机构与进排气系统 ………………………………………………… 014
1.5　燃油供给系统 …………………………………………………………… 018
1.6　冷却系统 ………………………………………………………………… 024
1.7　润滑系统 ………………………………………………………………… 026
1.8　点火系统 ………………………………………………………………… 029
1.9　内燃机的使用 …………………………………………………………… 032

第2章　园林拖拉机

2.1　园林拖拉机概述 ………………………………………………………… 040
2.2　园林拖拉机的传动系统 ………………………………………………… 046
2.3　园林拖拉机的行走系统 ………………………………………………… 050
2.4　园林拖拉机的转向系统 ………………………………………………… 052

2.5 园林拖拉机的制动系统 ·· 056
2.6 园林拖拉机的工作装置 ·· 059
2.7 园林拖拉机的使用与维护 ··· 061

第3章 电动机

3.1 交流电动机 ··· 066
3.2 直流电动机 ··· 077
3.3 安全用电 ·· 079

第二篇 机 具 篇

第4章 整地机具

4.1 犁 ··· 085
4.2 旋耕机 ·· 096
4.3 圆盘耙 ·· 102
4.4 开沟机 ·· 105
4.5 挖坑机 ·· 107
4.6 其他整地机具 ··· 110

第5章 园林建植机具

5.1 植树机 ·· 114
5.2 树木移植机 ·· 118
5.3 切条机 ·· 123
5.4 插条机 ·· 124
5.5 起苗机 ·· 125
5.6 移栽机 ·· 127
5.7 草坪播种机 ·· 129
5.8 起草皮机 ··· 133
5.9 除根机 ·· 136
5.10 采种机 ··· 139

第6章 园林养护机具

6.1 绿篱修剪机 ·· 141
6.2 割灌机 ·· 145
6.3 油锯 ·· 147

6.4	草坪修剪机	150
6.5	草坪打孔机	154
6.6	其他养护机具	157

第7章 园林灌溉设备

7.1	园林用水泵	160
7.2	喷灌系统	166
7.3	微灌设备	175
7.4	自动化灌溉系统简介	181

第8章 园林植保机具

8.1	概述	184
8.2	手动喷雾器	184
8.3	担架式机动喷雾机	188
8.4	背负式弥雾喷粉机	192
8.5	喷杆喷雾机	198
8.6	喷雾车	201

参考文献 204

第0章 绪论

 ## 0.1 园林绿化及其机械化作业的意义

随着经济的发展和生活水平的提高,人们越来越关注生活的质量,尤其是环境质量。园林绿化、生态环境已成为人们关注的热点,"植树造林,绿化祖国"是我国的一项基本国策。增加绿色植被,加强园林绿地的维护管理,美化环境,净化环境,是城市与乡村建设的一项重要内容。

由于园林绿化作业内容繁多且发展迅速,单一的手工作业已无法满足其向商品化、产业化发展的要求,因此,园林机械化已成为必然。人们越来越深刻地认识到,园林机械化是加速园林绿化事业发展的重要手段。实现园林机械化能够极大地提高劳动生产率,保证各种生产技术措施得到有效的采用;可以大大减轻劳动强度,改善劳动条件,提高工人素质,促进劳动力结构的调整,从根本上加快园林绿化的发展。园林生产机械化是园林生产现代化的重要组成部分,园林机具是现代化园林不可缺少的生产手段与主要标志。

 ## 0.2 园林机具行业发展概况

受土地资源、人文环境、生活水平等因素的综合影响,国外园林机具发展较早。在20世纪初期,西方国家就开始在园林绿化的繁重作业中使用园林机具。从20世纪50年代开始,各种园林绿化的专用机械纷纷面世,园林机具逐步进入了快速发展时期。20世纪80年代以后,在欧美发达国家,随着人们生活水平的提高和居住环境的改善,小型园林机具开始进入家庭,渐渐成为家庭的必备机具,特别是草坪机械,在美国、加拿大的中产阶级家庭中已基本普及。到21世纪初,发达国家大部分城市的园林绿化作业及家庭绿地的建设和养护已经全部实现了机械化作业,并开始向更高层次发展。经过近百年的历史,欧美发达国家的园林机具行业得到了长足发展，培养出许多国际知名品牌，世界500强的很多公司都涉足了园林机具行业，如欧洲的博世（BOSCH）、伊莱克斯（ELECTROLUX），美国的迪尔（JOHN-DEERE），意大利的HARRY，日本的三井物产株式会社、本田、小松等。专业的园林机具生产商有美国的MTD、MURRAY和TORO及德国的WOLF GARTEN等。

20世纪70年代后期，我国一些林业机械厂开始生产园林机具，但大多规模较小。20世纪90年代，随着城市园林绿化规模的迅速扩大和草坪业的快速崛起，园林机具得到了快速发展。除了林业机械厂外，一批实力较强的通用机械厂也开始生产园林机具，行业产能逐渐扩大；经销国内外园林草坪机械的公司大量涌现，规模日益扩大，并初步形成了全国经销网络；大型园林绿化工程中机械化作业的比重明显提高，出现了专业的机械化施工队伍，园林绿化机械开始进入企事业单位的庭院和住宅小区；国际知名的园林机具品牌开始进入国内市场。

改革开放以来，工业化使得居民收入水平大幅增长，城市基础设施的建设、高尔夫球场的大量兴建以及商用、民用住宅的建设，激发了景观美化的需求，有力地推动了园林机具的市场容量大幅增长。尽管国内需求快速增长，但相对于全球市场而言，国内的园林机具市场仍然较小，国内园林机械化作业的比重还很低，产品品种相对单一，产品技术水平、制造工艺与国外发达国家相比还有一定的距离。总体上看，国内目前仍处于园林机具发展的初始阶段，发展前景十分广阔。

0.3　本课程学习的目的、要求、内容和教学方法

本课程的学习目的在于使园林工作者了解在现代化的园林生产中如何正确运用园林机具，保证园林生产中所要求的各项机械化技术措施得到经济有效的采用。

本课程的主要任务是使学生获得关于园林生产机械化的一些基本知识、基本理论和基本技能，了解园林生产上常用的动力机械及园林机具的基本构造和工作原理、主要技术性能和维护保养，初步掌握常用园林机具的基本操作、检查调整与使用方法。

本书内容分为两篇，第一篇为动力篇，主要讲授内燃机、园林拖拉机、电动机；第二篇为机具篇，主要讲授整地机具、园林建植机具、园林养护机具、园林灌溉设备、园林植保机具等。书中在介绍机具的基本构造与工作原理的基础上，重点阐述它们的正确使用与维护保养的方法。

本课程实践性很强，除课堂讲授外，应尽可能地多采用现场教学、实习实训等教学方法。讲授中，必须理论联系实际，充分利用实物、模型、挂图等教具，增强学生的感性认识和理性思考，以加深对所学知识的理解。对动力机及机具的构造、工作原理、一般故障分析等理论部分以课堂讲授为主；对机械的使用、调整、维护保养等可通过实习和集中实训进行。要特别重视实习实训，让学生亲自动手操作，掌握相应技能。

第一篇 动力篇

动力机是把各种形态的能转变为机械能,为机械提供运动和动力的设备,是机器的核心。作为园林机具的动力机主要有内燃机、电动机以及与机具配套挂接的园林拖拉机。本篇分内燃机、园林拖拉机、电动机三章讲述。

内燃机部分讲述其原理、构造及使用与维护,其中重点介绍园林机具常用的小型汽油机。

园林拖拉机部分介绍用于园林作业的国内外先进的园林拖拉机的类型、组成、构造与使用。

电动机部分讲述单相、三相异步交流电动机和直流电动机的构造及接线起动方法等。

园林机具往往因为设置电源较困难而多数采用内燃机、拖拉机作为动力;在电源方便的地方,电动机使用方便、维护操作简单、故障少、寿命长、成本低,是园林机具的良好动力。

小型园林机具通常以电动机、小型汽油机、柴油机作为动力;大、中型园林机具多由拖拉机牵引或悬挂作业,部分园林机具自带发动机和行走装置,构成专用的自行式机械。

起初,园林机具的动力一般借用农业动力机械或拖拉机,随着园林建设的发展和特殊要求,园林专用的动力机和园林拖拉机应运而生。液压、电子技术、计算机等高科技的应用,使园林机具日趋完善并得到飞速发展。

第 1 章 内燃机

本章导读

本章要求学生掌握内燃机的分类与型号;掌握单缸与多缸、四冲程与二冲程的汽油机和柴油机的工作原理;系统了解内燃机曲柄连杆机构、配气机构与进排气系统、燃油供给系统、润滑系统、冷却系统及汽油机点火系统的基本构造与工作过程;学会内燃机的正确使用与维护的方法。

1.1 概　述

内燃机是热力发动机的一种,它是将燃料与空气混合后在气缸内部燃烧产生的热能,转化成机械能的机器。

1.1.1 内燃机的分类

内燃机的种类很多,具体如下:
(1) 按燃料的不同,可分为柴油机、汽油机等。
(2) 按完成一个工作循环所需的活塞行程数,可分为四冲程和二冲程内燃机。
(3) 按气缸数分为单缸、双缸和多缸内燃机。
(4) 按气缸的排列方式,可分为直立式、卧式、V 型和 W 型内燃机。
(5) 按冷却方法可分为水冷和风冷内燃机。
(6) 按气缸进气压力不同,可分为增压内燃机和非增压内燃机。

1.1.2 有关内燃机的基本名词术语

图 1.1.1 是内燃机的结构示意图。它由气缸、气缸盖、活塞、连杆、曲轴以及气门等部分组

成。当活塞在气缸中做往复运动时,通过连杆使曲轴做旋转运动。活塞可到达的离曲轴旋转中心距离最远的位置称为活塞上止点;活塞可到达的离曲轴旋转中心最近的位置称为活塞下止点。在止点时活塞运动方向发生改变,活塞从一个止点到另一个止点所经过的路程(即上、下止点间的距离),称为活塞的行程或冲程。若以 s 表示活塞行程,R 表示曲轴半径,则有 $s=2R$。当活塞处于上止点时,活塞顶上方的气缸容积称为燃烧室容积,以 V_c 表示;活塞上、下止点之间所包含的空间称为气缸工作容积,以 V_h 表示。单缸内燃机的工作容积就是内燃机的排量;多缸内燃机的排量是指各缸工作容积之和。当活塞处于下止点时,在活塞顶上方的气缸容积称为气缸总容积,以 V_a 表示。

气缸总容积 = 燃烧室容积 + 工作容积,即 $V_a = V_c + V_h$。

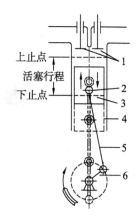

1:进排气门 2:活塞销
3:活塞   4:气缸
5:连杆   6:曲轴

图 1.1.1　内燃机结构示意图

气缸总容积与燃烧室容积之比值,称为压缩比,以 ε 表示,即 $\varepsilon = \dfrac{V_a}{V_c}$。它表示活塞由下止点到上止点时,气缸内可燃混合气或空气被压缩的程度。压缩比越大,进入气缸的可燃混合气或空气的体积就被压缩得越小,压缩终了时,气缸内气体压力和温度就越高。为了保证柴油能自行着火燃烧,柴油机比汽油机压缩比高得多。通常柴油机的 ε 为 16~22,而汽油机为 6~11。在一定条件下,适当增大内燃机的压缩比可以提高内燃机的热效率,从而提高功率和经济性,因此,它是内燃机工作中的一个重要指标。

1.1.3　内燃机的主要性能指标

内燃机运转时,在一定时间内消耗一定量的燃油,产生一定数量的功率。为了反映内燃机动力性能和经济性能的好坏,同时也便于鉴别和比较,常用有效功率和燃油消耗率来衡量。

有效功率是指内燃机曲轴上最后直接向外输出的功率,也就是扣除了内燃机内部摩擦损耗的功率以后剩下的真正有用的功率,用 N_e 或 P_e 表示,单位为千瓦(kW)。

燃油消耗率(简称耗油率)是指内燃机工作 1h,输出 1kW 有效功率所消耗的燃油量,用 g_e 表示,单位为克/(千瓦·时)[g/(kW·h)]。

1.1.4　内燃机的产品名称及型号编制规则

为了便于内燃机的生产管理和使用,我国对内燃机的名称和型号编制方法重新审定颁布了国家标准(GB725.91)。其主要内容如下:

(1)内燃机产品名称均按所采用的燃料命名,如柴油机、汽油机、煤油机、沼气机、双(多种)燃料发动机等。

(2) 内燃机型号由阿拉伯数字和汉语拼音字母组成。

(3) 内燃机型号由下列四部分组成:

① 首部:为产品系列符号和(或)换代标志符号,由制造厂根据需要自选相应字母表示,但须经行业归口单位核准、备案。

② 中部:由缸数符号、气缸布置形式符号、冲程符号和缸径符号(以气缸直径的毫米数表示)组成。

③ 后部:由结构特征符号和用途特征符号组成,以字母表示。

④ 尾部:区分符号。同一系列产品因改进等原因需要区分时,由制造厂选用适当符号表示。

内燃机型号的排列顺序及符号所代表的意义规定如下:

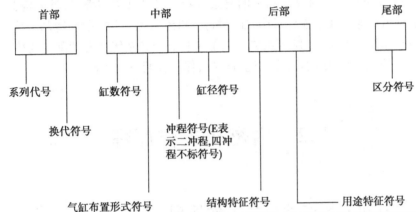

气缸布置形式符号

符号	含义
无符号	多缸直列及单缸卧式
V	V形
W	W形
P	平卧形

结构特征符号

符号	结构特征
无符号	水冷
F	风冷
N	凝气冷却
S	十字头式
D_Z	可倒转
Z	增压
Z_L	增压中冷

用途特征符号

符号	用途
无符号	通用型及固定动力
T	拖拉机
M	摩托车
G	工程机械
Q	车用
J	铁路机车
D	发电机组
C	船用主机、右机基本型
C_Z	船用主机、左机基本型
Y	农用运输车
L	林业机械

以下为型号编制示例。

(1) 汽油机。

① 1E40F——单缸、二冲程、缸径40mm、风冷、通用型。

② 4100Q——四缸、四冲程、缸径100mm、水冷、汽车用。
（2）柴油机。
① 165F——单缸、四冲程、缸径65mm、风冷、通用型。
② R175A——单缸、四冲程、缸径75mm、水冷、通用型（R表示175产品换代符号，A为系列产品的区分符号）。
③ 495T——四缸、直列、四冲程、缸径95mm、水冷、拖拉机用。
④ 12V135ZC——12缸、V形、缸径135mm、水冷、增压、船用主机、右机基本型。

1.1.5 内燃机的总体组成

内燃机是一部由许多机构和系统组成的复杂机器。尽管其类型繁多，具体构造也不完全相同，但一般都由机体与曲柄连杆机构、配气机构、供给系统、润滑系统、冷却系统、点火系统（柴油机无点火系统）及起动系统等组成。正是这些机构和系统的合理配置与协调工作，使内燃机能够很好地进行工作循环，完成能量转换，保证长期正常运转。

1.2 内燃机工作原理

1.2.1 单缸四冲程汽油机的工作原理

图1.2.1所示为单缸四冲程化油器式汽油机的工作简图。四冲程内燃机工作循环包括四个活塞冲程，即进气冲程、压缩冲程、做功冲程和排气冲程。具体工作过程如下：

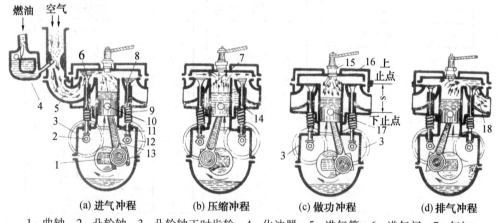

(a) 进气冲程　　(b) 压缩冲程　　(c) 做功冲程　　(d) 排气冲程

1：曲轴　2：凸轮轴　3：凸轮轴正时齿轮　4：化油器　5：进气管　6：进气门　7：气缸
8：排气门　9：气门弹簧　10：活塞　11：挺柱　12：曲轴箱　13：连杆
14：水套　15：火花塞　16：气缸盖　17：活塞销　18：排气管

图1.2.1　单缸四冲程化油器式汽油机工作简图

1. 进气冲程

活塞从上止点向下止点运行,进气门开启、排气门关闭,活塞顶上部空间容积逐渐增加,气缸内由此而出现一定的真空度,经化油器形成的可燃混合气经进气门被吸入气缸。当活塞移到下止点时,进气门关闭,进气终了。

2. 压缩冲程

活塞由下止点向上止点运行,进、排气门均关闭,活塞顶上部空间容积逐渐减小,被吸入的气体受到压缩,气缸内的温度和压力逐渐升高,压缩终了时可燃混合气的温度可达 300~400℃。

3. 做功冲程

当活塞运行至接近上止点时,装在气缸盖上的火花塞产生电火花,点燃被压缩的可燃混合气。燃气迅速燃烧膨胀,放出大量热能。此时进、排气门仍关闭,气缸内的温度和压力急剧升高。活塞被膨胀的气体推动,向下止点运行,并通过连杆带动曲轴旋转而对外做功。

4. 排气冲程

活塞由下止点向上止点运行,排气门开启,进气门关闭,燃烧产生的废气在活塞的推动作用下,从排气门排出,活塞到达上止点时排气冲程结束。

如此,四冲程汽油机经过进气、压缩、做功、排气四个冲程完成一个工作循环,在此期间活塞上、下移动了四个冲程,相应的曲轴旋转两周,每一冲程曲轴转过180°。

1.2.2 单缸四冲程柴油机的工作原理

四冲程柴油机和四冲程汽油机一样,每一工作循环也是由进气、压缩、做功、排气四个行程完成的,如图1.2.2所示,主要区别在于:

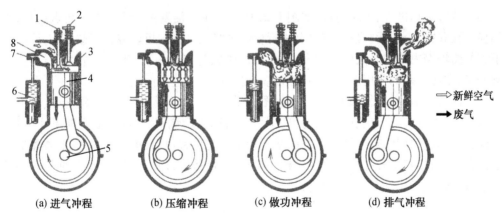

(a) 进气冲程　　(b) 压缩冲程　　(c) 做功冲程　　(d) 排气冲程

1:进气门　2:排气门　3:气缸盖　4:活塞　5:曲轴　6:喷油泵　7:喷油器　8:燃烧室

图1.2.2　单缸四冲程柴油机工作原理

(1) 由于柴油的粘度大,不易蒸发,压缩行程终了时,柴油以高压喷入气缸,与进气冲程中吸入的纯空气在很短时间内迅速混合。而汽油机是在气缸外部的化油器内形成可燃混合气(指化油器式汽油机),在进气冲程中进入气缸。

（2）柴油的着火点较汽油低，且柴油机的压缩比远高于汽油机，在压缩终了时，气缸内的压力很高，温度可达 500～700℃，大大超过柴油的着火点。因此，柴油机依靠空气自身的压缩温度着火燃烧，不需要外界火源强制点燃。

1.2.3　单缸二冲程汽油机的工作原理

凡活塞运行两个冲程，即曲轴旋转一周就能完成一个工作循环的内燃机，称为二冲程内燃机。图 1.2.3 所示为二冲程汽油机的基本结构，与四冲程汽油机相比，其结构上的最大区别是不设置气门机构，而是在气缸壁上开有三个孔，即进气孔、换气孔（亦称扫气孔）和排气孔，这三个孔分别在一定时刻被活塞开闭，同时利用曲轴箱辅助进行配气。

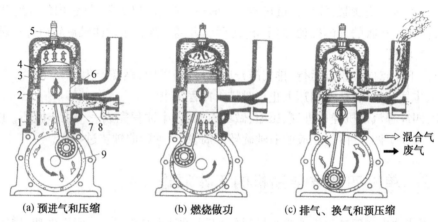

1：换气道　2：换气孔　3：活塞　4：气缸　5：火花塞　6：排气孔　7：进气孔　8：化油器　9：曲轴箱

图 1.2.3　单缸二冲程化油器式汽油机工作简图

第一冲程为预进气、压缩行程，如图 1.2.3(a)所示。活塞由下止点向上止点运行，先后关闭换气孔和排气孔，活塞顶上方在上一行程已被吸入气缸的可燃混合气被压缩，同时在活塞下方的曲轴箱内压力降低（二冲程内燃机的曲轴箱是密封的）。当活塞继续上行时，进气孔被开启，在压力差的作用下经化油器形成的可燃混合气进入曲轴箱。

第二冲程为做功、排气和换气行程，如图 1.2.3(b)、(c)所示。当活塞上行接近上止点时，火花塞发出电火花，点燃被压缩的可燃混合气，迅速燃烧膨胀，推动活塞向下止点运行，通过连杆带动曲轴旋转对外做功。在活塞下行至一定位置以后，进气孔关闭，曲轴箱的混合气受到预压缩，接着排气孔打开，废气借缸内余压高速排出，而后换气孔开启，曲轴箱内受预压的新鲜混合气经换气孔进入气缸，并扫除废气。

1.2.4　多缸内燃机工作过程简介

单缸机属于小功率的内燃机，中、大功率的内燃机多为多缸机。与单缸机相比较，在功率和转速相同的情况下，多缸机的旋转均匀性和稳定性优于单缸机。

多缸机相当于把几个单缸机相连，共用一根曲轴，工作时，每个气缸单独按进气、压缩、做功、排气四个行程的顺序完成工作循环。但各缸完成同名行程都有固定的顺序,这个顺序叫做工作顺序。四缸四冲程内燃机的工作顺序一般为1→3→4→2或1→2→4→3,表1.2.1为各缸工作情况与曲轴转角的关系。

表1.2.1 四缸四冲程内燃机的工作顺序(1→3→4→2)

曲轴转角	各缸工作情况			
	第一缸	第二缸	第三缸	第四缸
0°~180°	进气	压缩	排气	做功
180°~360°	压缩	做功	进气	排气
360°~540°	做功	排气	压缩	进气
540°~720°	排气	进气	做功	压缩

1.2.5 二冲程内燃机与四冲程内燃机的比较

二冲程内燃机曲轴每转一周做功一次,因此,当排量、压缩比、转速、每循环供油量以及其他条件都相同时,理论上二冲程内燃机的功率是四冲程内燃机的2倍。二冲程内燃机做功时间短,做功频率高,运转比较平稳,飞轮尺寸可以减小,又省去了气门式配气机构,因此,二冲程同内燃机结构简单、质量轻、体积小,适于便携式机械使用,操作简便。但二冲程内燃机由于排气与换气的延续时间很短,一部分废气靠新鲜空气被驱赶出去,所以气缸内残留废气排不干净,这不但造成新鲜空气进入不充分,而且有少部分新鲜空气在驱气时随同废气一同排出;另外,做功阶段的活塞行程缩短,燃烧气体压力未被充分利用。因此,二冲程内燃机的供油次数比四冲程内燃机多一倍却不能获得多一倍的功率,约为1.5~1.6倍。可见,二冲程内燃机耗油率高,经济性较差。

此外,二冲程内燃机曲轴箱起换气的作用,故润滑方式是采用在燃油中加入一定比例的机油的油雾润滑,部分机油参与燃烧,造成燃烧不完全及气缸、活塞表面易积炭等缺点,使二冲程内燃机的广泛使用受到一定影响。

1.3 机体与曲柄连杆机构

机体与曲柄连杆机构的功用是传递功率,把活塞的往复运动变为曲轴的旋转运动,实现工作循环,进行能量转换。机体与曲柄连杆机构由机体缸盖组、活塞连杆组、曲轴飞轮组和平衡机构四个部分组成。

1.3.1 机体缸盖组

机体缸盖组由机体、气缸套、气缸盖、气缸垫等组成,如图1.3.1所示。

1. 机体

机体是内燃机的基础骨架,是一个形状复杂的部件,内燃机的所有重要零部件都安装在机体上。机体由气缸体、上曲轴箱组成。气缸体内加工或镶嵌气缸套,上曲轴箱设有轴承座孔、凸轮轴座孔,用来支承曲轴和凸轮轴。机体内有流通冷却水的水套、水道和机油通道,机体外面装有气缸盖、喷油泵、滤清器、齿轮室总成等,机体下部装有油底壳(又叫下曲轴箱)。

2. 气缸套

水冷内燃机气缸套有湿式和干式两种,外壁直接与冷却水接触的为湿式气缸套,在湿式气缸套与气缸体接合部装有1~2个防漏密封胶圈,以防冷却水流入油底壳。缸套外壁不与冷却水直接接触的为干式气缸套。风冷内燃机的气缸体外壁加铸散热片,可增加散热面积。

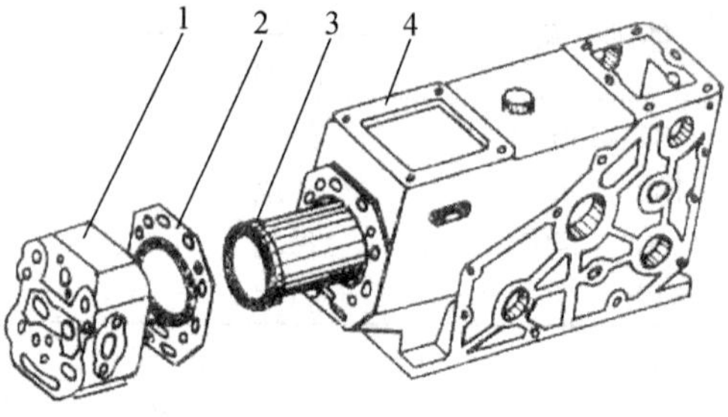

1:气缸盖 2:气缸垫
3:气缸套 4:机体
图 1.3.1 机体缸盖组

3. 气缸盖

气缸盖用来密封气缸,并与气缸上部、活塞顶共同组成燃烧室。在气缸盖上安装喷油器或火花塞及进、排气门等零件。气缸盖内有冷却水套,气缸盖与气缸体用螺栓连接固定。

4. 气缸垫

气缸垫位于气缸盖与气缸体之间,防止气缸内的气体外泄和水套内的冷却水进入气缸。气缸垫常用紫铜皮夹以石棉压制而成,安装时一般有卷边的一侧朝向缸盖。

1.3.2 活塞连杆组

活塞连杆组包括活塞、连杆、活塞环、活塞销、连杆瓦、弹性挡圈等主要零件,如图 1.3.2 所示。

1. 活塞

活塞的功用是与气缸组成燃烧室,承受气缸内气体燃烧的爆发压力,通过连杆把力传递给曲轴做功,并在气缸内做往复运动完成进气、压缩、做功、排气等过程,实现工作循环。活塞在高温、高压、高速、润滑困难的恶劣条件下工作,要求重量轻、不易变形、散热快、耐磨、耐腐蚀。目前,内燃机大都采用铝合金活塞。

2. 活塞环

按照用途不同,活塞环可分气环和油环两种。气环的功用是密封活塞与气缸之间的间隙,防止漏气,并将活塞顶部的热量传递给气缸壁散出。油环的功用是刮除气缸壁上多余的润滑油,使其流回油底壳,以免进入燃烧室燃烧;并将留下的

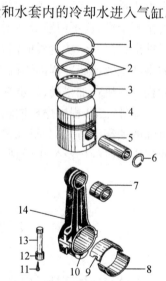

1、2:气环 3:油环 4:活塞
5:活塞销 6:挡圈 7:铜衬套
8、9:连杆轴瓦 10:瓦盖
11:开口销 12:连杆螺母
13:连杆螺栓 14:杆身
图 1.3.2 活塞连杆组

润滑油均匀地分布在气缸壁上,保证良好的润滑。活塞环是一种弹性开口圆环,在自由状态下,外径大于气缸内径,装入气缸后,能紧贴气缸壁起到良好的密封作用。

为了使活塞环在受热后有膨胀的余地,当活塞环装入气缸后,在接口处以及环槽高度方向留有一定的间隙,叫做开口间隙和端面间隙,各机型对开口间隙和端面间隙均有规定值。间隙过大,易漏气,使机油窜入气缸;间隙过小,活塞环受热后会因膨胀而卡住。因此,在进行活塞环更换修配时要用塞尺进行测量,保证符合技术要求。

3. 活塞销

活塞销的功用是连接活塞和连杆,将活塞所受的力传给连杆。活塞销受力大,要求重量轻,一般采用合金钢制成空心圆柱体。为了防止活塞销轴向窜动,刮伤气缸壁,活塞销的两端用弹性挡圈定位。

4. 连杆和连杆瓦

连杆的功用是将活塞和曲轴连接起来,并传递动力,实现由活塞的往复直线运动变为曲轴的旋转运动。连杆的构造分小端、杆身、大端三部分。小端内压有铜衬套,与活塞销相连;为保证强度,减轻重量,杆身断面制成"工"字形;连杆大端与曲轴的连杆轴颈相连,为了便于安装,连杆大端一般做成分开式,被分开部分叫连杆盖或瓦座,用两个连杆螺栓连接紧固。为了减小连杆轴颈的磨损及摩擦阻力,在连杆大端内装有瓦片式滑动轴承,简称连杆瓦。

1.3.3 曲轴飞轮组

曲轴飞轮组由曲轴、飞轮和主轴承等部件组成,如图 1.3.3 所示。

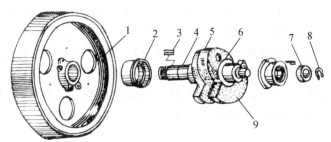

1:飞轮 2:主轴承 3:键 4:主轴颈 5:连杆轴颈 6:曲柄
7:曲轴正时齿轮 8:挡圈 9:扇形平衡块

图 1.3.3 单缸柴油的曲轴飞轮组

1. 曲轴

曲轴的功用是将连杆传来的力变为扭矩输出做功,并驱动内燃机的各种机构工作。曲轴的形状比较复杂,可分为主轴颈、曲柄、连杆轴颈、曲轴前端和后端五部分。主轴颈排列在同一中心线上,安装在曲轴箱主轴承座内,与主轴承相配合,是曲轴的支承部分。连杆轴颈是曲轴和连杆大端连接的部分。曲轴前端装有正时齿轮,后端固定飞轮。

2. 飞轮

飞轮的功用是增加曲轴的转动惯性,在做功冲程时贮存能量,使活塞越过止点,克服压缩冲程中的阻力,保证曲轴连续均匀旋转,并协助起动和向外传递动力。在飞轮轮缘上一般都刻有记号,便于确定活塞上止点的位置,检查气门间隙和供油提前角。

1.3.4 平衡机构

单缸内燃机工作时,曲柄连杆机构高速运动产生较大的惯性力,其大小和方向不断变化,引起内燃机振动,影响曲柄连杆机构的工作和寿命。因此,单缸内燃机必须设置平衡机构。

1. 离心惯性力的平衡

曲柄、连杆轴颈和连杆大端偏置在曲轴中心线一侧,当曲轴旋转时,产生离心惯性力。为平衡此惯性力,在曲柄相反方向设置扇形平衡块(如图1.3.3所示)。工作时,平衡块产生的离心力与曲柄、连杆轴颈和连杆大端产生的离心惯性力,大小相等,方向相反,互相抵消。

2. 往复惯性力的平衡

活塞和连杆小端在往复运动时,产生沿气缸中心线方向的往复惯性力,可采用双轴平衡或单轴平衡。

1.3.5 曲柄连杆机构的使用与维护

曲柄连杆机构的使用寿命,决定于这些机件的制造质量和使用中严格细心地执行技术保养条例的情况。新的或维修后的内燃机必须进行认真的试运转,同时不允许内燃机长期超载和高转速下工作。应按不同的季节,使用规定的机油,定期检查油底壳内机油数量和质量,经常注意机油压力是否正常。在内燃机工作中如发现冒烟、过热、润滑油消耗增加,有敲击声、漏气、功率不足等不正常现象时,应立即停车检查,找出故障原因。曲柄连杆机构各零件的正常磨损虽然是不可避免的,但若使用保养不当,将会加速磨损,并因此引起各种故障。例如,活塞环磨损严重,开口间隙增大,会导致内燃机的压缩性能下降,功率降低。所以,必须严格地执行保养制度,经常注意曲柄连杆机构的润滑情况,并定期检查其工作状况,达到技术保养或修理所规定的时间间隔时,则必须按照规定的项目进行保养和维修。

1.4 配气机构与进排气系统

1.4.1 配气机构

四冲程内燃机设有专门的配气机构,而二冲程内燃机利用活塞的运动开闭进气孔、排气孔和换气孔进行配气,无专门的配气机构。

一、配气机构的功用与类型

配气机构的功用是按照内燃机各缸的工作循环和发火顺序,适时地开或闭各气缸的进、排气门,保证各缸及时地吸入空气或可燃混合气,并及时排出废气。

配气机构有顶置式和侧置式两种形式,如图1.4.1所示。顶置式气门位于气缸顶部,侧置式位于气缸侧面。侧置式气门机构传动简单,气缸盖形状可简化,制造维修方便。但由于气门设置在侧面,使燃烧室结构不紧凑,进气通道拐弯多,进气阻力大,内燃机动力性差,故一般在小汽油机上使用较多。顶置式有较高的动力性,在大中型内燃机中广泛应用。

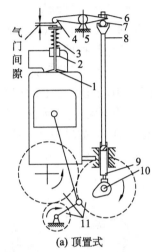
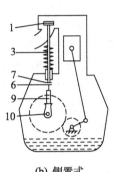

(a) 顶置式　　　　　　　　(b) 侧置式

1：气门　2：气门导管　3：气门弹簧　4：摇臂　5：摇臂轴　6：固定螺母
7：调节螺钉　8：推杆　9：挺柱　10：凸轮轴　11：正时齿轮

图1.4.1　配气机构

二、配气机构的结构

配气机构由气门组、传动组和驱动组三部分组成。

气门组由进气门、排气门、气门座、气门导管、气门弹簧、弹簧座、气门锁夹等组成,如图1.4.2所示。气门由气门头和气门杆两部分组成。气门头与气缸盖或气缸体上的气门座紧密配合,以防漏气。气门杆的末端制成锥形缩颈或槽孔,用于安装气门锁夹而支承气门弹簧座。气门座有的直接加工在气缸盖上,有的则用较好材料制成气门座圈,再镶到气缸盖上,这样既便于修理更换,又能提高使用寿命。气门导管起导向作用,保证气门做直线运动,使气门头与气门座准确对中配合。气门弹簧的作用是使气门自动关闭,并使气门和气门座能紧密贴合。内燃机每一工作循环,气门弹簧要压缩和伸展一次,内燃机转速越高,弹簧的工作频率也越大。弹簧有时因发生激烈振动而折断,所以目前大部分内燃机均采用两根气门弹簧。这样可以避免因一根弹簧折断,

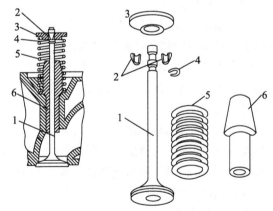

1：气门　2：气门锁夹　3：弹簧座
4：挡圈　5：气门弹簧　6：气门导管

图1.4.2　气门组

引起气门掉入气缸的事故,从而提高工作的可靠性。内外弹簧旋向相反,可防止运动时相互卡住和引起共振。

传动组由挺柱、推杆、摇臂、摇臂轴等组成。其功用是将凸轮轴的动力传递到气门组。挺柱接收凸轮旋转运动的推力,再传给推杆或直接传给气门(侧置式)。推杆是一根细长的圆杆,它把挺柱的推力传给摇臂。摇臂装在摇臂轴上,通过摇臂的摆动可以打开或关闭气门,摇臂上的调节螺钉是用来调节气门间隙的。摇臂轴是摇臂摆动的支点,它由紧固在气缸盖上的摇臂座来支承。为防止摇臂左右窜动,在摇臂轴上装有挡圈(卡簧)。

驱动组包括正时齿轮、凸轮和凸轮轴。凸轮轴的功用是按照内燃机工作顺序,定时打开气门并保持一定的气门开启延续时间。这种作用是由凸轮的形状和它在凸轮轴上的分布来决定的。内燃机各缸的进、排气顺序(即工作顺序)是由凸轮在轴上的相互位置来保证的。凸轮轴正时齿轮用来将曲轴的旋转运动传给凸轮轴。凸轮轴转速为曲轴转速的一半,因此凸轮轴正时齿轮的齿数是曲轴正时齿轮齿数的两倍。这样,曲轴每转两圈,凸轮轴相应转一圈,以保证一个工作循环中各气门分别打开一次。为了保证配气和供油正时,在安装正时齿轮时,就应严格按照装配记号对准。

三、配气机构的工作

内燃机工作时,曲轴旋转,经正时齿轮带动凸轮旋转,凸轮的凸起部分顶起挺柱和推杆,推杆推动摇臂一端,使另一端克服气门弹簧弹力压向气门,使气门开启。当凸轮的凸起部分离开挺柱时,在气门弹簧的作用下,气门立即回位关闭,如图1.4.3所示。

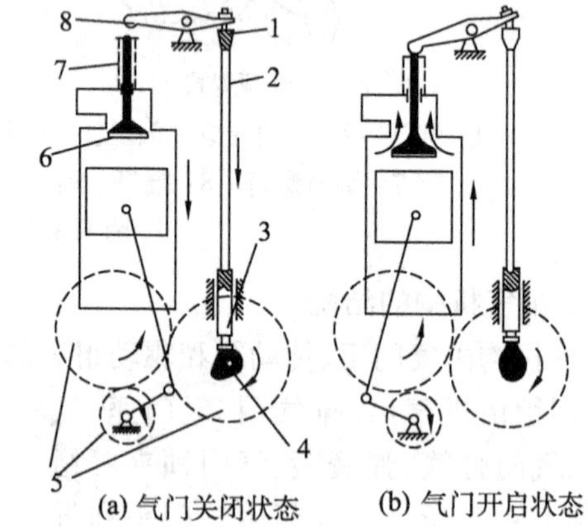

四、配气相位

配气相位是指用曲轴转角表示进、排气门实际开闭时间和延续时间。理论上,进气门在上止点开启,在下止点关闭;排气门在下止点开启,在上止点关闭。开闭延续时间均为180°。

(a) 气门关闭状态　(b) 气门开启状态

1:调节螺钉　2:推杆　3:挺柱　4:凸轮轴
5:正时齿轮　6:气门　7:气门弹簧　8:摇臂

图1.4.3 顶置式气门配气机构示意图

为了使气缸能最大限度地进行充气和排除废气,四冲程内燃机的实际配气时刻并不是在活塞上、下止点,无论进、排气门都是早开晚关,主要是利用气体的流动惯性和气缸内外的压力差,尽可能使进气充足,排气干净,以充分提高内燃机的动力性。

五、气门间隙

当内燃机工作时,气门受热膨胀,为不致因气门杆伸长使气门与气门座之间关闭不严,在顶置式气门机构中摇臂与气门杆之间留有一定间隙;在侧置式气门机构中调整螺钉与气门杆之间留有一定间隙,此间隙称为气门间隙。不同机型气门间隙的要求不同,具体数值可查阅产品说明书。气门间隙过大或过小都会使燃料过量消耗,内燃机功率下降。因此,必须定期对气门间隙进行检查和调整。

检查和调整气门间隙时,内燃机必须处于冷机状态,活塞处于压缩上止点位置,气门完全关闭。用规定厚度的塞尺插入气门摇臂头与气门杆顶端之间(顶置式)或调整螺钉与气门杆之间(侧置式)来检查,当塞尺插入(或抽出)时手感略有阻滞(即无间隙滑动)则气门间隙符合要求,不必调整。如果塞尺插不进去或插进去后仍有较大间隙,说明间隙过小或过大,则需调整。调整时,松开气门间隙调节螺钉的锁紧螺母,用螺丝刀旋动气门间隙调节螺钉,直至将气门间隙调整到符合技术要求为止。然后用螺丝刀顶住气门间隙调节螺钉,旋紧锁紧螺母,再用塞尺复核一次,如图 1.4.4 所示。

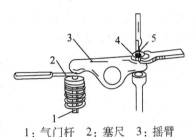

1:气门杆　2:塞尺　3:摇臂
4:锁紧螺母　5:调节螺钉

图 1.4.4　气门间隙调整示意图

1.4.2　进排气系统

进排气系统给内燃机提供干净的空气或混合气,并排除废气,由进排气管、空气滤清器和消音器等组成,如图 1.4.5 所示。

一、进排气管

大、中型汽油机的进气管一般套在排气管内,以利用排气预热可燃混合气,并往往把进、排气管铸成一体。柴油机若预热空气会影响空气充气量,因此,与小型汽油机一样一般是分开铸造的。

二、空气滤清器

燃油燃烧需要大量的空气,空气中含有一定量的杂质和灰尘,如不过滤直接吸入气缸,就会加速气缸、活塞、活塞环以及气门与气门座的磨损,缩短内燃机的使用寿命。空气滤清器的功用主要是滤除空气中的杂质和灰尘,让洁净的空气进入气缸。

空气滤清器可分为干式和湿式两种,湿式滤清器主要是通过油料(通常是机油)的粘性黏附空气中的一些杂质和灰尘。

空气滤清通常采用惯性式、过滤式两种方式,一般小型汽油机采用过滤式居多。惯性式滤清是利用流动中的杂质和灰尘的惯性大于空气的惯性这一特点,引导气流做旋转运动或突然改变运动方向,使杂质和灰尘在惯性力作用下与空气分离。过滤式滤清

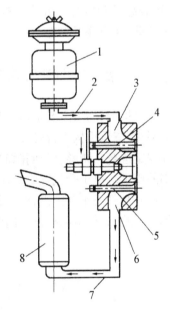

1:空气滤清器　2:进气管　3:进气道
4:进气门　5:排气门　6:排气道
7:排气管　8:排气消音器

图 1.4.5　进排气系统

是引导空气通过滤芯,使杂质和灰尘被隔离或粘附在滤芯上,有干式和湿式两种。目前常采用的滤芯有金属丝、海绵、毛毡、纸质滤芯等。近年来,纸质滤清器以其重量轻、高度小、成本低、安装简单、使用方便和滤清效率高等优点而得到了较大发展。

图 1.4.6 所示为柴油机上常用的一种综合式空气滤清器。上部为离心式滤清部分,装在中心管上方,下部为贮油盘,中间是金属丝滤网。这种滤清器要经过离心干惯性式、湿惯性式、湿式过滤式三级滤清。其工作过程是:空气由导叶片处切向进入上部,在罩内做旋转运动,较重的尘粒因离心力作用被甩向罩壁,并经上部两个小窗口排出;粗滤后的空气沿中心管垂直下行,经底部油池急转向上,一些较细的尘土由于惯性力的作用,被机油粘住;转而向上的空气通过金属丝滤网,微细的尘粒被黏附在沾有机油的金属丝滤网上,空气最后经过气管被吸入气缸。贮油盘中的机油必须定期更换。

三、消音器

由于排气压力较大,具有一定的能量,若直接将废气排入大气会产生强烈的排气噪声。为了减小排气噪声和消除废气中的火星和火焰,一般内燃机在排气管内设有消音器。消音器主要通过反复多次改变气流流动方向,逐级减压和冷却等方法消耗废气能量,平衡气体的压力波动,从而降低噪音。

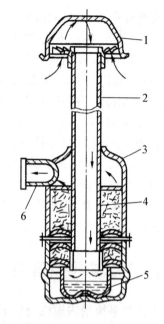

1:进气罩　2:中心管　3:壳体
4:滤网　5:贮油盘　6:进气管

图 1.4.6　空气滤清器

1.4.3　配气机构与进排气系统的使用与维护

配气机构的保养,主要是检查和调整气门间隙以及气门与气门座的密封性,并对凸轮轴的轴向间隙、减压机构进行必要的检查与调整。气门间隙的检查或调整必须按各种内燃机的具体规定进行。调整气门间隙时应使气门处于完全关闭状态,其间隙的大小要符合产品说明书的规定。由于受气缸中高压气体的侵蚀、灰尘杂质的摩擦以及气门的高速往复运动,气门头锥面与气门座会磨损,形成凹坑和麻点,造成气门密封不严,以致影响内燃机正常工作性能。因此,必须定期检查气门的密封性,必要时予以铰铣、研磨。

1.5　燃油供给系统

1.5.1　汽油机燃油供给系统

一、汽油的牌号与选用

汽油在内燃机气缸内燃烧时容易产生爆燃现象,汽油抵抗爆燃的能力称为汽油的抗爆性,用辛烷值评定。汽油的辛烷值越高,其抗爆性就越好。汽油的牌号是依据其辛烷值确定的。目前国产汽油牌号主要有 90 号、93 号、97 号、98 号等。

选择汽油牌号主要依据内燃机的压缩比。压缩比越大,汽油在内燃机气缸内燃烧产生爆燃的可能性越大,所以压缩比高的汽油机应选用辛烷值高的汽油。具体可按使用说明书要求选用。

二、汽油机燃油供给系统的功用与组成

汽油机燃油供给系统的功用是根据汽油机的不同工况,向气缸输送不同比例和不同容量的可燃混合气。

汽油机燃油供给系统可分为汽油供给部分与可燃混合气形成部分,如图 1.5.1 所示。

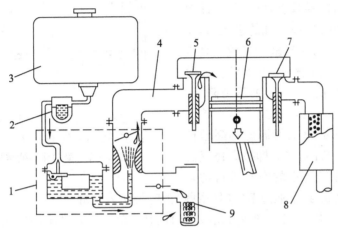

1:化油器　2:沉淀杯　3:油箱　4:进气管　5:进气门　6:活塞
7:排气门　8:排气管、消音器　9:空气滤清器

图 1.5.1　小型汽油机燃料供给系统

三、汽油供给

小型汽油机汽油供给系统主要由油箱、沉淀杯、油管组成。

油箱用于贮存足够数量的燃油,同时还使燃油中的水分和杂质得到初步的沉淀。燃油箱通常是用薄钢板或玻璃钢制成的,上面有加油口,并装有滤网,下面通过开关与输油管或沉淀杯相通。

沉淀杯起粗滤作用,沉淀杂质和水分,它主要包括进油开关和沉淀杯等。燃油自油箱流入沉淀杯,由于流速降低,流向改变,使燃油中的较大杂质和水分沉淀于杯中,较清洁的燃油经过滤网由上部出油管口流出。

小型汽油机的油箱一般高于化油器以便依靠重力向化油器供油,不需设置汽油泵。在油箱口和出油口设置滤网或沉淀杯以滤去汽油中的杂质。一般在中、大型汽油机上才设置汽油泵,其作用是将汽油从油箱吸出,克服油管管道和滤清器的阻力,以一定的压力连续地向化油器输送足够量的汽油。一般常用的是膜片式汽油机泵。大型汽油机在油箱和汽油泵之间专门设有燃油滤清器。

四、可燃混合气形成

汽油机可燃混合气的形成是由化油器完成的(电喷汽油机除外)。在小型汽油机燃油供给系统中的化油器有浮子式、膜片式和泵膜式三种。浮子式化油器靠浮子室中的浮子,通过针

阀调节进油量来控制化油器的油面高度,从而实现向汽油机稳定供油。它结构简单,工作比较可靠,但当汽油机有倾斜度的时候,则无法保证汽油机的稳定工作,甚至会引起汽油机熄火。膜片式化油器用垂直放置的膜片代替浮子起平衡作用,其结构和工作原理同泵膜式化油器中的平衡膜部分,是介于浮子式和泵膜式之间的一种化油器,其结构也比较简单。汽油机在一定的倾斜度范围内仍能正常工作,超过其范围则无法工作。对大多数园林机具小型汽油机来说,仍然以使用结构比较简单、工作比较可靠的浮子式化油器和膜片化油器为主。

如图1.5.2所示为浮子式简单化油器的结构示意图。它包括浮子室、浮子、针阀、主量孔、主喷管、喉管、节气门等。简单化油器中,汽油的喷出和空气的进入,是靠进气冲程时活塞下行在气缸中造成的真空吸力。当空气流经喉管时,由于喉管通道狭窄,空气流速加快,在喉管处压力降低,而浮子室内为正常气压,在这个压力差的作用下,浮子室内的汽油就源源不断地被吸出来,从主喷管喷出,并立即被高速气流吹散成雾状,与流经这里的空气进行均匀

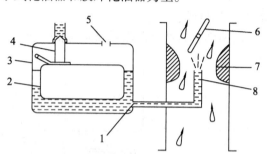

1:量孔 2:浮子 3:浮子室 4:针阀
5:通气孔 6:节气门 7:喉管 8:喷管

图1.5.2 简单化油器结构示意图

地混合,形成可燃混合气,通过节气门(俗称"油门")进入气缸。

在简单化油器中,混合气的成分由节气门控制。节气门开度小,喉管中真空度也小,从主喷管喷出的汽油就少,因而形成稀混合气;随着节气门开度增大,喉管真空度变大,通过喉管中的空气量和汽油量都增加,混合气变浓。而实际汽油机在起动时要求供给极浓的混合气,随着负荷的不断增大,要求混合气逐渐变稀,当接近全负荷时又要求混合气重新变浓。故简单化油器的这种供油特性不能满足汽油机在不同工况下对混合气浓度的基本要求。为此,实际使用的化油器上一般都设有补偿装置,常见的有起动加浓装置、怠速装置、主供油装置等。

常用的起动加浓装置有加浓按钮和阻风门(图1.5.3),供起动时加浓混合气。冷机起动

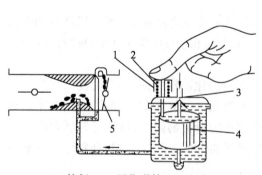

1:按扭 2:回位弹簧 3:针阀
4:浮子 5:阻风门

图1.5.3 起动加浓装置

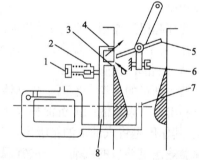

1:怠速调节螺钉 2:怠速空气量孔 3:过渡喷孔
4:怠速喷孔 5:节气门 6:节气门开度调节螺钉
7:主喷管 8:怠速量孔

图1.5.4 怠速装置

时,按下加浓按钮可提高浮子室油面高度,使一部分汽油经喷管直接进入气缸;关小阻风门,可提高喉管处的真空度,使较多的汽油与少量空气混合,形成浓混合气以利起动。

怠速是指内燃机无负荷的最低稳定转速。怠速装置由怠速量孔、怠速空气量孔、怠速喷孔、怠速调节螺钉等组成,如图1.5.4所示。当内燃机怠速运转时,节气门几乎全部关闭,节气门前方喉管处真空度减小,使燃油不能从主喷管喷出。但这时节气门后方的真空度却很大,汽油便从怠速量孔被吸出,同来自怠速空气量孔的空气汇合成泡沫状从怠速喷孔喷出,并受到节气门边缘气流的吹拂作用,形成较浓的可燃混合气进入气缸。

主供油装置由空气量孔和补偿油井组成,安装在主喷管和主量孔之间,如图1.5.5所示。当内燃机在小负荷工作时,节气门开度不大,喉管处真空度小,汽油由主喷管和主量孔喷出,补偿油井内的油下降不多,当节气门开度逐渐加大时,喉管处真空度也随着增大到一定程度,由于主量孔的断面较主喷管喷口小,油井中的油很快被吸尽,空气由补偿油井空气量孔流入主油道,并随汽油一起经主喷管喷出而使汽油乳化。由于进入油井的空气受到空气量孔的节流作用,油井内空气的压力比大气压稍低而高于喉管处气压,所以降低了喷管内的真空度,其结果使汽油流量比没有补偿油井时减小,即主喷管喷出的油量相对减少,因而使混合气变稀,以满足汽油机正常工作的需要。

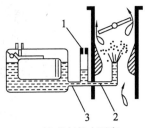

(a) 节气门小开度

(b) 节气门大开度

1:补偿油井空气量孔
2:主油道 3:主量孔

图1.5.5 主配剂装置

在园林绿化机械中,有一部分机械,特别是便携式手持操作的机械,如打枝油锯、绿篱修剪机等,在作业时经常需要改变位置,往往倾斜度很大,甚至在翻转状态下工作,因此,要求适应这种工作状态的汽油机必须装备泵膜式化油器。而对于在操作时汽油机倾斜度不是很大的机械,如高把油锯、侧挂式割灌机、草坪切边机等,它们的汽油机则装备膜片式化油器。

泵膜式化油器的结构比较复杂,它在任何倾斜位置都能稳定地向气缸供给可燃混合气,图1.5.6所示为我国某机械厂生产的1E52F二冲程小型汽油机上的泵膜式化油器结构示意图,瑞典HUSQVARNA和美国CRAFTSMAN等油锯发动机也采用类似结构,它由泵油部分、平衡部分、可燃混合气形成部分和加速泵组成。泵油部分的作用是从燃油箱向化油器的主燃油室泵油,它位于化油器体上部,由供油泵膜、进油阀片、出油阀片、泵盖等组成。它实际上是一个膜片式输油泵,是利用发动机曲轴箱内真空度的脉动来驱动膜片工作的。

平衡部分的作用是根据发动机所要求的燃油量,对流入主燃油室的流量进行适当控制,以保持主燃油室内的燃油平衡量,它位于化油器体下部,由平衡膜、控制针阀、平衡杠杆、平衡弹簧等组成。

可燃混合气形成与供给部分由喉管、节气门、阻风门和各喷油口组成。喉管是化油器进气通道最狭窄的部分,当空气流经时流速加快、压力降低,形成一定的真空度,燃油便从设在此处的主喷口喷出,并被气流吹散雾化,组成混合气。节气门设在喉管与进气口之间,用来控制进入发动机气缸内的混合气量,节气门开度大,进入气缸内的混合气量就多,发动机功率就大。

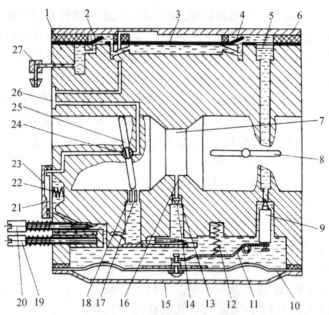

1：化油器体　2：进油阀片　3：供油泵膜　4：出油阀片　5：滤网　6：泵盖　7：喉管　8：阻风门　9：针阀　10：平衡膜　11：平衡杠杆　12：平衡弹簧　13：单向阀片　14：阀座及滤网　15：平衡室盖　16：主喷口　17：过渡喷口　18：急速喷口　19：高速调节螺钉　20：低速调节螺钉　21：加速泵膜　22：加速泵弹簧　23：加速泵盖　24：节气门轴　25：节气门　26：通曲轴通道　27：进油管接头

图1.5.6　泵膜式化油器结构示意图

加速泵的作用是当发动机突然加速时能额外供给一部分混合气，以提高发动机的加速性能，它由加速泵膜、泵盖、气道、油道等组成。

泵膜式化油器既能适应发动机在各种倾斜位置时工作，又能满足发动机各种工况的需要，体积小，是一种比较理想的化油器。但是其结构比较复杂，燃油中的杂质容易堵塞细小的油道和油口，工作可靠性相对较差，对使用者和维修者的技术水平要求比较高，所以目前泵膜式化油器主要应用在作业时需要经常大幅度倾斜的便携式手持操作的园林机具发动机上。

1.5.2　柴油机燃油供给系统

一、柴油的牌号与选用

柴油是柴油内燃机的燃料，分为轻柴油和重柴油两类。重柴油适用于1 000r/min以下的低中速柴油机；轻柴油用于高速柴油机（一般1 000r/min以上）。柴油按质量分为优级品、一级品和合格品三个等级，每个等级的柴油根据国家标准（GB252.87）按其凝固点分为+10号、0号、-10号、-20号、-35号、-50号六个牌号。柴油的选用主要根据使用时的环境温度和经济性。

二、柴油机燃油供给系统的功用与组成

柴油机燃油供给系统的功用是按照柴油机的工作顺序，定时、定量地向各缸喷入雾化良好的清洁柴油。为满足柴油供给的要求，柴油供给系统主要由燃油箱、沉淀杯、输油泵、燃油滤清器、喷油泵、调速器、高压油管、喷油器以及燃烧室等组成。

柴油机的燃油箱与汽油机的燃油箱的构造及功用基本相同,如图1.5.7所示。对于小型的柴油机,其油箱一般高于喷油泵,依靠重力供油,故不设输油泵。

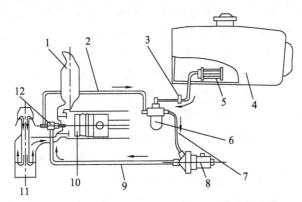

1：消音器 2：回油管 3：油箱开关 4：柴油箱 5：柴油粗滤器 6：柴油细滤器
7：输油管 8：喷油泵 9：高压油管 10：活塞 11：空气滤清器 12：喷油器

图1.5.7 柴油机燃料供给系统示意图

三、柴油滤清器

柴油滤清器的功用是使柴油中的杂质和水分得到沉淀和过滤。因为在柴油机的供给系统中,喷油泵、喷油器都是精密部件,如果燃油不干净,将加速零件磨损,甚至卡住、磨坏零件,使内燃机无法工作。柴油中的水分会使机件生锈,也会使内燃机工作不正常。因此,柴油必须经过严格的滤清。一般柴油机都经过两级滤清——粗滤和细滤。有些柴油机还在油箱出口处装置沉淀杯过滤,其构造及功用和汽油机上的沉淀杯基本相同。

柴油的滤清方式主要是通过滤芯的过滤来去除柴油中的杂质,目前柴油滤清器以使用纸质滤芯居多。

四、喷油泵

喷油泵的功用是将过滤后清洁的柴油压力提高,并按内燃机的工作要求,定时定量地输送到喷油器,然后以雾化状态喷入燃烧室。

喷油泵是燃料供给系统中最重要、最精密的部件,它被称为柴油机的"心脏",其工作的好坏直接影响到柴油机的工作性能。

五、喷油器

喷油器的功用是把喷油泵经高压油管送来的燃油以雾状细滴均匀地喷入燃烧室。喷油压力可以通过调节螺钉进行调整。

六、调速器

内燃机工作时,负荷经常发生变化,喷油泵的供油量一定时,若内燃机的负荷增大,则转速降低,如不及时加油,就可能熄火;反之,当负荷减小时,转速又将升高,如不及时减少供油,有可能"飞车"(转速急剧升高)。为使内燃机在负荷变化时,不致熄火或"飞车",一般在柴油机上安装一个调速器。在一定的油门位置下,随内燃机负荷的变化,它能自动改变供油量,以维持内燃机的转速在变化很小的范围内稳定工作。

1.5.3 燃油供给系统的使用与维护

保证燃油的清洁是供给系统正常工作的关键,所以必须使用质量符合规定并经过沉淀和过滤的柴油。柴油加入机车前必须经过不少于48h的沉淀,同时要保证加油工具的清洁。

应按技术保养规程定期清洗和更换燃油滤清器滤芯,在安装时要保证位置正确,并定期清洗油箱和放出沉淀油,定期检查喷油器的喷油压力和雾化质量,必要时进行调整。还要经常检查油管接头连接是否牢靠,以免空气进入油路,影响内燃机的正常工作。空气滤清器应定期进行清洗。在空气滤清器保养中必须严格保证密封性,否则将失去滤清作用,这一点万万不可忽视。湿式空气滤清器油盘中要保持规定的油面高度。油面过低会影响滤清效果;油面过高,容易造成机油被吸入气缸引起积炭,甚至会造成"飞车"。维修中拆装喷油泵和喷油器时,要按技术要求进行,精密偶件要成对放置,若磨损超限,应成对更换。化油器应在规定保养期进行内部清洗,工作时应注意保持外部清洁,防止灰尘泥沙进入浮子室等处堵塞油路和污染汽油。

1.6 冷却系统

燃料在气缸内燃烧时温度可达2000℃左右,所放出的热量约有30%~35%被气缸、活塞、气缸盖、气门等零件吸收,若不设法把这些热量散去,则内燃机将因温度过分升高而引起进气不足、功率下降、润滑油变稀或燃烧、润滑不良、零件加速磨损、运动机件可能因过热膨胀而咬死、零件因强度降低而损坏等不良后果。冷却系统的功用就是设法将这些热量带走,使内燃机处于正常的工作温度,发挥额定功率并保证良好的经济性。

内燃机上采用的冷却方法有空气冷却和水冷却两种。

1.6.1 空气冷却

空气冷却(风冷)利用高速气流直接冷却气缸体外表面,将气缸内部传出的热量散发到大气中去。小型汽油机多采用空气冷却。

为了有效地带走热量,必须保证有足够的散热面积,因此,气缸体和气缸盖的表面制有散热片。为了加强冷却效果,风冷内燃机的气缸体和气缸盖多采用导热性良好的铝合金铸造。为了加大冷却强度,风冷式一般设置风扇以加速气流的流动,并通过导风罩将气流导向机体和缸盖部分,以有效利用空气流的作用,如图1.6.1所示。

空气冷却结构简单、使用维护方便,由于内

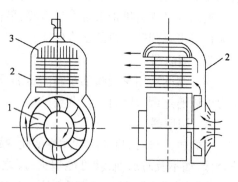

1:风扇 2:导风罩 3:散热片
图1.6.1 空气冷却示意图

燃机温度与气温相差较大,故气温高低对冷却效果影响不大。但风冷却不够可靠,噪声大,风扇消耗功率大。

1.6.2 水冷却

水冷却通过冷却水带走和散发热量。水具有较大的热容量,是良好的冷却介质。同时水冷却便于调节冷却温度,冬季可以加入热水进行预热以便于起动。水冷却系统的水温应保持在80~90℃为宜。

水冷却又分为自然循环水冷(又称蒸发水冷)和强制循环水冷。

自然循环水冷利用水蒸发时需要吸收大量热量使内燃机冷却,并利用水的自然对流实现循环。单缸柴油机一般采用蒸发水冷系统(图1.6.2)。

蒸发式冷却装置结构简单,只需设置一个与气缸水套直接连通的水箱,水箱口敞开,冷却水与大气相通。由于水的大量蒸发,需及时添加冷却水。

强制循环水冷是利用冷却水在气缸水套和散热器之间的循环,将内燃机的热量散发到大气中去。冷却系统中设有水泵、风扇及散热器,强制性地将机体内的热水吸入散热器进行冷却,并将冷却后的水送入机体进行循环冷却。有的水冷却系统中设置节温器以调节控制冷却水温。图1.6.3为强制循环式水冷系统的示意图。

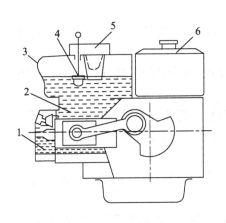

1:缸盖水套 2:缸体水套 3:水箱
4:浮子 5:加水口 6:油箱
图1.6.2 蒸发水冷系统

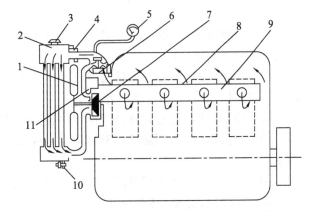

1:风扇 2:散热器 3:水箱盖 4:溢水管
5:水温表 6:节温器 7:水泵 8:水套
9:配水管 10:放水栓 11:旁通阀
图1.6.3 强制循环式水冷系统

1.6.3 冷却系统的正确使用与维护

内燃机冷却系统必须使用清洁的软水。不含泥砂、杂质和可溶性矿物盐的水,叫做软水。雨水、雪水、自来水、清洁的河塘水都可看做软水直接使用。一般井水、泉水含有可溶性盐类矿物质叫做硬水,不能直接使用。这些矿物质在高温时会从水中沉积下来,附着在水套和散热器的内壁,形成水垢,影响散热性能和冷却水的循环,引起内燃机过热甚至损坏散热器。所以硬水必须经过软化才能使用,最简单的硬水软化方法就是将水煮沸后沉淀。

要注意加水方法,不要在内燃机过热时骤加冷水,以免热冷不均而造成缸盖、机体破裂。此外,在水沸腾打开水箱盖时,要注意头部和手的安全防护,以免被烫伤。

要保持内燃机的正常工作温度,内燃机正常工作时水温应保持在80~90℃范围内(蒸发水冷系统除外)。

冬季为便于起动,起动前应向水箱加入60℃左右的热水,不要骤加过热的水。每日工作完毕后,在水温降至60℃以下时,放尽散热器和水套中的冷却水,以免冻裂散热器、机体和缸盖。

另外,还要定期做好下列保养工作:清洗冷却系统并清除水垢;检查并消除冷却系统漏水现象;润滑水泵风扇轴承;检查调整风扇皮带的紧度;校验节温器。

1.7 润滑系统

1.7.1 润滑系统的功用

润滑系统将机油不断地供给各运动零件的摩擦表面,以减小零件的摩擦和磨损。润滑系统的主要作用如下:

(1)减磨作用:机油在零件表面形成油膜,以减轻摩擦、减小磨损。要求润滑油有适当的粘度以保持油膜,并不造成过大阻力。

(2)冷却作用:通过润滑油带走零件吸收的部分热量,保持零件表面温度不至于过高。

(3)清洗作用:利用循环润滑油冲洗零件表面,带走由于磨损造成的金属磨屑和其他杂质。

(4)密封作用:利用润滑油的粘性,粘附于运动零件表面,提高密封效果。如活塞与气缸壁间形成油膜,增加了密封作用。

(5)防锈作用:润滑油附着于零件表面,防止零件表面与水、空气及燃气接触发生氧化和锈蚀。

1.7.2 润滑方式

润滑方式主要有飞溅润滑、混合油凝固法润滑和压力润滑等。

飞溅润滑利用零件运动(如曲柄连杆机构)飞溅起来的油滴或油雾,直接落在摩擦零件表面进行润滑(图1.7.1),用于负荷较轻、转速较低或难以实现压力润滑的零件,如缸壁、活塞销、正时齿轮、凸轮等。

混合油凝固法润滑是将机油按一定比例和燃油混合(一般为1∶20),通过化油器雾化后进入曲轴箱和气缸,润滑那些与混合气能够接触的摩擦表面,如活塞、气缸、连杆轴颈、曲轴颈等。这种方式不需设置专门的润滑机构、结构简单,但其润滑效果不理想,污染较严重,易积炭,消耗机油量大,一般只在二冲程汽油机上使用。

压力润滑是指机油在机油泵的作用下,以一定的压力输送至各零件摩擦表面。压力润滑可靠、效果好,并有清洗作用,主要用于转速高的主轴承、连杆轴承、配气机构等。

汽车、拖拉机上的大、中型内燃机一般不是采用单一的润滑方式,而是采用飞溅润滑及压力润滑相结合的综合润滑方式。即曲柄连杆机构、配气机构的主要零件表面采用压力润滑,其余一般的摩擦表面如气缸、活塞、配气凸轮等运动件采用飞溅润滑。

1:凸轮轴　2:甩油爪
3:机油　4:曲轴

图 1.7.1　内燃机飞溅润滑

1.7.3　润滑系统的主要工作部件

一、机油泵

机油泵的功用是把机油压力升高,并以一定的流量向需润滑的摩擦表面供油。目前在农用拖拉机内燃机上最广泛使用的机油泵有两种:一种是齿轮式机油泵,另一种是内外转子式机油泵。

齿轮式机油泵壳体内装有一对相啮合的齿轮,齿轮与壳体间保持很小的间隙。工作时,由曲轴正时齿轮经中间齿轮带动机油泵主动轴,使主动齿轮转动,主动齿轮又带动从动齿轮反向旋转,在进油腔处因齿轮脱离啮合,容积增大造成真空吸力。机油经集滤器过滤后被吸进油腔内,随着齿轮旋转又带入出油腔内,由于齿轮在此进入啮合,容积变小,油压升高,机油以一定的压力从出油口压出去,如图 1.7.2 所示。

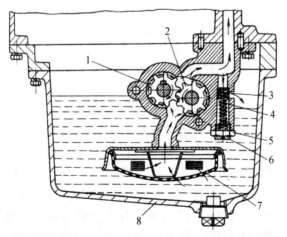

1:油泵主动齿轮　2:油泵从动齿轮　3:限压阀　4:弹簧
5:锁紧螺母　6:调整螺钉　7:滤网吸盘　8:油底壳

图 1.7.2　齿轮式机油泵

转子式机油泵由内转子、外转子和泵体、泵盖组成。内转子有 4 个凸齿,外转子有 5 个凹齿,内、外转子偏心安置。当内燃机工作时,动力以驱动装置带动内转子转动,内转子带动外转子做同方向转动。无论转子转到任何角度,内、外转子各齿形之间总有接触点并分隔成 4 个空腔。进油道一侧的空腔由于转子脱开啮合,容积逐渐增大,产生真空度,机油被吸入并带到出油道一侧。以后,转子进入啮合,油腔容积逐渐减小,机油压力升高,并从齿间被挤出,增压后的机油从出油道送出,如图 1.7.3 所示。

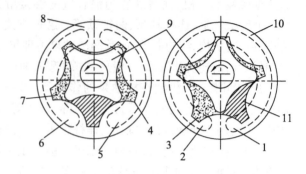

1、5:出油道　2、6:吸油道　3、7:吸油腔
4、11:压油腔　8、10:外转子　9:内转子

图 1.7.3　转子式机油泵工作原理

二、机油滤清器

机油滤清器的功用是去除机油中的金属磨屑及其他固体杂质,保证机油清洁和油道通畅,以减少机件的磨损,延长使用寿命。机油滤清器的滤清原理与柴油滤清器相同,都是使油通过滤芯元件,让杂质留在滤芯的外面。

三、检视设备

检视设备的作用是对机油的油量、压力和温度进行检测和监视。检视设备包括油标尺、油压表或指示器、油温表等。

油标尺上有刻线、用来检查油底壳中机油油位的高低,其油位应处于油标尺的上、下两条刻线之间,一般以接近上刻线为宜。

油压表或指示器用来指示内燃机工作时机油压力的大小或压力是否正常。大、中型内燃机上一般才有油压表和油温表,小型内燃机上一般使用油压指示器。

1.7.4　润滑油、脂的牌号与选用

内燃机润滑油(机油)是内燃机的"血液"。我国润滑油分为以下三类(GB/T 7631.17—2003)。

（1）汽油机油:有 SC、SD、SE、SF、SG、SH 共 6 个级别。

（2）柴油机油:有 CC、CD、CD.Ⅱ、CE、CF.4 共 5 个级别。

（3）二冲程汽油机油:有 ERA、ERB、ERC、ERD 共 4 个级别。

级号越高,使用性能越好,适用于新机型或强化程度高的内燃机。

每一种级别又有若干种单一粘度等级和多粘度等级的润滑油牌号。牌号确定的依据主要是润滑的粘度及其特性。例如,CC 级润滑油有 3 个单一粘度等级(30、40 和 50 号)和 6 个多粘度等级(5W/30、5W/40、10W/30、10W/40、15W/40 和 20W/40)的润滑油牌号。

单一粘度等级的润滑油粘温较差,只适应在某一温度范围内使用。多粘度等级的润滑油粘温性好,适应的温度范围宽。所谓粘温性是指润滑油粘度随温度而变化的特性。

正确选用内燃机机油能保证汽车正常可靠行驶,减少零件磨损,节省燃油消耗,延长内燃机使用寿命。内燃机润滑油的选用应根据厂家说明书所规定的要求进行,如无说明书,应根据内燃机类型、工况及环境温度来选用适当粘度的润滑油。

润滑脂俗称黄油,主要用于滚动轴承的润滑。

1.7.5 润滑系统的正确使用与维护

机器工作前应检查油底壳的机油油位,不足时,应添加到规定的油位(油面应在油尺上的上、下两条刻线之间)。

内燃机工作过程中,润滑油的质量逐渐变劣,如色泽污浊、粘度下降、杂质增多等。因此内燃机每工作一段时间,必须定期更换机油。在加油时应注意清洁,并定期清洗或更换机油滤清器滤芯。

此外,在日常工作时,要经常注意机油压力的高低,各接头处有无漏油现象,曲轴箱通气是否良好。

1.8 点火系统

1.8.1 点火系统的功用与类型

汽油机气缸内的可燃混合气是由电火花点燃的。适时产生电火花的这套装置,叫做汽油机的点火系统。点火系统的功用是按照汽油机的点火顺序,在规定的时刻产生高压电动势,使火花塞电极间产生强烈电火花,点燃气缸内的可燃混合气。

点火系统按电源不同可分为蓄电池点火系统和磁电机点火系统两种类型,小型汽油机多采用磁电机点火系统。磁电机点火系统按其结构不同又分为转子式和飞轮式。本节以飞轮式为例介绍磁电机点火系统。

1.8.2 飞轮式磁电机点火系统

飞轮式磁电机点火系统由飞轮磁电机、高压导线和火花塞组成。

一、飞轮磁电机

磁电机实际上是一台简单的交流发电机。目前,飞轮磁电机有有触点式和无触点式两种。

1. 有触点式飞轮磁电机

有触点式飞轮磁电机由定子和转子两部分组成,其结构如图1.8.1所示。

转子部分由飞轮轮壳、磁铁、断电凸轮组成。磁铁具有永磁性,互成90°角固定在飞轮轮壳上。转子装在曲轴后半轴上。

定子部分由点火线圈、照明线圈、断电器(包括定、动触点)等组成。它们安装在同一底板上,用两个螺钉紧固在后半曲轴箱上。向断电凸轮转动方向移动底板,可使点火延迟;反之,可使点火提前。

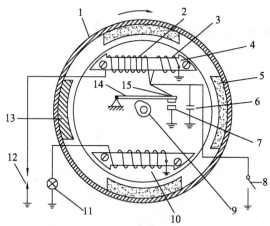

1：飞轮　2：次级线圈　3：初级线圈　4：铁芯　5：磁铁　6：电容器　7：动、静触点　8：熄火按钮
9：断电凸轮　10：照明线圈　11：照明灯　12：火花塞　13：配重块　14：断电摇臂　15：摇臂弹簧

图1.8.1　有触点式飞轮磁电机结构原理图

点火线圈是在铁芯上绕初级(低压)和次级(高压)两组线圈。铁芯由矽钢片迭压而成,以避免产生有害的涡流。初级线圈粗且圈数少,一端搭铁、一端引出。次级线圈细且圈数多,绕在初级线圈外面,一端与初级线圈引出端相接,另一端与高压线、火花塞相接。

磁电机的工作原理如图1.8.1所示,当曲轴旋转时,磁铁随飞轮一起转动。初级线圈切割磁力线,产生感应电动势。当初级回路触点闭合时,初级线圈产生感应电流。同时,次级线圈也有感应电动势出现,但很小,不能击穿火花塞间隙。当初级线圈中感应电流达到最大值时,断电器的凸轮将动触点迅速断开,使初级线圈的电流迅速消失。由于电磁感应,次级线圈中将产生一个高达15 000～20 000V的感应电动势,在火花塞上的中心电极和侧电极间击穿空气,产生强烈的电火花,点燃可燃混合气。

为了防止触点打开瞬间在动、定触点之间产生电弧放电而使触点表面烧蚀,在断电器两端并联一电容器。当触点打开瞬间,低压电流给电容器充电,保护了白金触点。同时,在短暂的充电过后,又迅速放电,产生与原低压电流相反方向的电流,加速初级线圈内自感电流的消失,并促进其磁场的消失,使次级线圈互感出更高的电动势。

熄火按钮是汽油机的熄火开关,与断电器触点并联,按下按钮,触点被短路,因无法产生高压电而熄火。

2. 无触点式飞轮磁电机

由于有触点式磁电机的触点表面易烧蚀和磨损,需经常维护和调节,并经常会出现弹簧折断等故障,目前很多小型汽油机上采用无触点式飞轮磁电机。无触点式飞轮磁电机一般常用电容放电式。即以可控硅代替断电器,由电容放电产生高压电。

无触点式飞轮磁电机工作原理如图1.8.2所示,当飞轮带动磁铁旋转,线圈切割磁力线,在充电线圈 L_1 中感应出一个交变电动势,此交变电动势经二极管 D_1 整流后变成直流电向电容器 C 充电,把低压电能储存起来,即为充电、整流过程。同时,在初级线圈 L_2 中也感应出一个交变电动势,经过保护二极管 D_2 和限流电阻 R 的作用,加到可控硅 D_3 的控制极上。当这个电动势达到规定值时,可控硅的阳极和阴极便触发导通。可控硅触发导通后,电容 C 立即通过可控硅 D_3 向初级线圈 L_2 放电,由于放电速度极快,初级线圈中电流发生突变,于是在次级线圈 L_3 中便感应出高达 12 000～15 000V 的高压电动势,此高压电动势击穿火花塞间隙形成电火花。

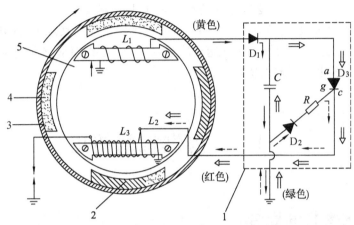

→：整流和充电电路　⇒：放电电路　---▶：触发电路　L_1：充电线圈　L_2：初级线圈　L_3：次级线圈
1：控制盒　2：配重块　3：飞轮　4：磁钢　5：底板

图 1.8.2　无触点式磁电机工作原理

当初级线圈 L_2 中感应出反射电压于可控硅 D_3 的控制极上时,可控硅迅速反向截断,电容 C 放电停止,火花塞停止点火。

无触点(亦称可控硅或晶体管)点火装置一般整体密封在控制盒内,一旦损坏,修理困难。在更换新的控制盒时,要特别注意控制盒与底板上的导线必须是同色相接,不可接错,绿色必须搭铁,否则会烧毁可控硅。

二、火花塞

火花塞是点燃混合气的执行部件,其功用是将磁电机产生的高压电变成强烈的电火花,点燃可燃混合气。

火花塞由中心电极、侧电极、高压瓷绝缘体等组成,如图 1.8.3 所示。中心电极与侧电极之间的距离叫做电极间隙,通常为 0.6～0.7mm。

火花塞有冷型和热型两种,热型火花塞绝缘体裙部较长,适用于压缩比小、转速低的汽油机;冷型火花塞绝缘体裙部较短,适用于压缩比大、转速高的汽油机。使用火花塞时,必须选用制造厂规定的火花塞型号。

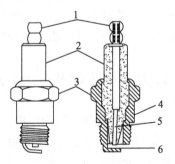

1：接线螺帽　2：绝缘瓷体
3：火花塞体　4：密封垫圈
5：中心电极　6：侧电极

图 1.8.3　火花塞的构造

1.8.3 点火系统的使用与维护

每天工作后必须把磁电机、高压线、火花塞的外部擦试干净。当磁电机工作一段时间以后,应对其轴承、凸轮、触点臂轴和配电器轴等进行润滑。应定期检查调整磁电机及火花塞的发火性能,保持良好的技术状况。

磁电机断电器触点间隙应为 0.25～0.35mm,过大或过小都影响正常发火。触点烧蚀或有油污,也影响火花的产生,必须把它磨平擦净,保持接触良好。

火花塞电极间的间隙应保持在 0.6～0.7mm 范围内。如因其烧损使间隙增大,应调整侧电极使间隙符合规定。此外,当火花塞瓷质绝缘体产生裂缝时应立即更换,否则会产生高压电流短路,形成两电极间缺火现象。

1.9 内燃机的使用

1.9.1 内燃机的磨合

新的或大修后的内燃机,在开始使用前必须进行磨合(试运转)。因为新装配的机器各零件表面尽管加工光洁,但还存在着不同程度的凹凸不平的加工痕迹。如不经磨合就投入重负荷工作,相互配合并有相对运动的零件表面将会加剧磨损,从而大大缩短使用寿命。

机器在人为控制条件下,由慢到快逐渐增加转速,又逐渐加大负荷,并随时检查和调整,最后予以清洗,使零件的配合表面相互逐渐研磨光滑,这个过程称为磨合。

磨合一般分无负荷磨合和负荷磨合两个阶段。磨合工作应按照有关的规范进行。磨合过程中,要随时注意机器的工作状态,并做简要的记载,若发现不正常的现象应立即停车检查排除。经过磨合后,机器方能投入负荷工作。

1.9.2 内燃机的起动方式

内燃机的起动是使内燃机从静止状态转入运转状态,并使气缸内充满的可燃混合气着火燃烧,直到内燃机连续不断地运转。起动装置应保证内燃机在各种不同的气候条件下都能可靠地起动。对于不同型式的内燃机在起动时所要求的起动力矩和转速是不同的,因此可采用不同的起动方式。

1. 人力起动

为了简化结构,降低成本,在一些小功率的内燃机上用人力,借助摇把、手柄或拉绳直接转动曲轴或飞轮。小型汽油机以缠绕式手拉绳起动装置居多,如图 1.9.1 所示。它主要由起动器棘轮、缠绕弹簧、拉绳手柄与拉绳、起动器体等组成。起动时,手握手柄拉动拉绳带动起动器棘轮转动,起动器棘轮与内燃机曲轴一端相连接,带动内燃机活塞运动而起动内燃机。

2. 电力起动

起动用的电机是直流电机,以蓄电池作为电源。电动机上设有专门的啮合机构,接通电源后,电动机的啮合机构通过飞轮齿圈带动曲轴旋转,使内燃机起动。这种起动方法极为简便,在拖拉机上应用广泛。但是,起动的可靠性受蓄电池充电情况的影响,特别是天气寒冷时给起动带来一定的困难。

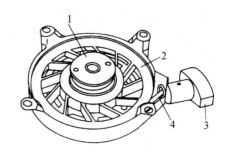

1:起动器棘轮　2:缠绕弹簧
3:拉绳手柄　4:拉绳
图1.9.1　缠绕式手拉绳起动器

3. 汽油机起动

功率较大的柴油机起动时,起动阻力大,起动更为费劲、困难,所以采用附机带动主机的起动方法。汽油机在不同气温条件下都比较容易起动,并可发出较大功率,以较长的时间带动主机运转。这种方法比较可靠,但需设有传动、接合和分离装置,这增加了结构上的复杂性,故造价较高,操纵也不方便。

1.9.3　内燃机的起动

内燃机起动前应做好相关准备工作:擦净机器,检查紧固件的紧固情况;转动曲轴,检查压缩是否正常、有无卡滞现象和异常声响,如有应及时查明原因,加以排除;检查机油、燃油、冷却水是否达到规定要求,不足时应进行添加;对二冲程汽油机要配制适当比例的混合油。

一、小型汽油机的手拉起动

(1)打开油箱开关。

(2)将油门手柄放在1/2~2/3供油位置。

(3)汽油机处于冷机状态下,尤其是气温较低(如冬天)或难起动时都需要起动加浓装置。加浓装置有阻风门(标记"ϕ")和(或)加浓按扭。对阻风门一般有箭头表示阻风门的开闭方向。箭头指向标记"ϕ"或"close",表示阻风门关闭,起动加浓。阻风门的关闭程度根据气温高低来确定,气温低,开度小,气温高,开度大,一般冬季为1/4开度,环境温度较高时为1/2开度。箭头指向标记"━"或"open",表示阻风门打开,汽油机正常工作,即汽油机经起动正常工作后必须将阻风门完全打开,对加浓按扭只需按下化油器加浓按钮到溢油孔溢油为止。

(4)打开磁电机点火开关,机上一般有"on"和"off"标记。

(5)将起动绳绕于汽油机起动轮上(目前一些先进的汽油机是自行缠绕的),先缓慢拉动3~5次后,再迅速拉伸起动绳,起动汽油机。

（6）汽油机起动后,立即全开阻风门并适当减小油门,使内燃机维持怠速运转。

汽油机正常工作后的热机起动,不必再按加浓按钮,可把阻风门置于1/2 开度位置。其余要求同前。

二、汽油机的电起动

（1）打开油箱开关。

（2）将油门置于1/2～3/4 开度。

（3）停车控制手柄置于"运转"位置。

（4）转动点火起动开关到"工作"位置。

（5）接触起动机电源起动内燃机。但应注意起动机连续运转不应超过数秒时间。如果一次起动没有成功,应在下一次起动内燃机之前有一个间歇。

（6）汽油机起动后,适当减小油门,使内燃机维持怠速运转。

三、柴油机的手摇起动

（1）将油门（调速手柄）放在开始位置。

（2）左手按住减压手柄到减压位置,右手将摇把插入起动爪,用力摇转曲轴,并提高转速。

（3）达到较高转速时,左手松开减压手柄,右手继续用力摇转曲轴,当活塞越过压缩上止点后,柴油机即可着火起动。柴油机起动后,停止摇转,摇把自动脱开起动爪,自然地取出,这时仍应握住摇把手柄,避免摇把甩出伤人。如果一次未能起动,可重复以上动作。

四、柴油机的电起动

（1）将供油拉杆放入正常工作位置。

（2）打开电源开关,按下减压手柄并转动电起动扳钮。

（3）曲轴转动后,松开减压手柄；待柴油机着火起动后,再松开电起动扳钮。

如果5s 内未能起动,应关闭电源,几分钟后,再重复上述动作。切忌短时间间隔的重复起动,以免损伤蓄电池。

1.9.4　内燃机的运转

（1）内燃机起动后,使其低速空转3～5min,待汽油机温度升高后,才能逐渐加大油门进行负荷作业。

（2）运行中注意观察水温和机油压力指示,应保持在允许的范围内。

（3）汽油机在高速、大负荷作业时,严禁急剧停机,以免损坏机器。

（4）禁止空载高速运转,禁止大油门"轰"机,以免因"飞车"造成机器损坏或人身事故。

（5）工作时,如出现异常声响或剧烈振动等现象,应立即停机检查。

（6）往油箱加油时,应停机进行。

1.9.5　内燃机的停机

（1）卸去负荷,减小油门。

(2) 低速运转 3~5min，使内燃机逐渐冷却。

(3) 关闭手油门，使柴油机熄火；按熄火按钮或将熄火线端搭铁，使汽油机熄火。

1.9.6　内燃机的技术保养

内燃机在使用中，由于运转、摩擦、振动和负荷的变化，使连接件发生松动，零件产生磨损、腐蚀、疲劳和老化等现象，结果使内燃机功率下降、耗油增加，甚至引起严重损坏。为了保证各机件良好的技术状态，延长使用寿命，防止故障和事故的发生，必须定期对机器各部件进行清洗、检查、紧固、润滑、调整或更换，以上维护措施通称为技术保养。

技术保养分为班保养和定期保养两种。班保养在班次工作结束时进行。定期保养根据工作时间与燃油消耗量计算保养周期。各种不同型号内燃机的保养周期和内容，一般参考内燃机使用说明书中的保养规程进行。

案例分析

一、汽油机不供油或供油不畅

1. 故障现象

(1) 起动发动机时火花塞跳火正常，但发动机不能起动，或起动后逐渐熄火。

(2) 多次踩加速踏板，虽勉强能发动，但加速时化油器有回火现象，且发动机很快又熄火。

(3) 用汽油泵手柄泵油，待汽油充入化油器浮子室后，发动机仅运转短时间后就自动熄火。

2. 故障原因

(1) 油箱内无油或油面低于上油管孔下口，油箱内的油管滤清网堵塞，油箱盖上的空气阀通气受阻，汽油吸不上来。

(2) 油箱开关未打开或未完全打开，油管堵塞、破裂或油管接头松动而漏油、漏气。

(3) 汽油滤清器堵塞。

(4) 汽油泵摇臂磨损严重而使内摇臂与外摇臂间隙过大或摇臂折断，摇臂轴窜出，油杯衬垫漏气，滤网堵塞，泵膜破裂，进油阀密封不良，泵膜弹簧过软或折断等，导致汽油泵失效。

(5) 化油器进油口滤网堵塞或出油口堵塞，进油针阀、浮子卡滞不能开启等。

(6) 汽油中有水，不易着火或不能燃烧，冬季结冰堵塞油路。

(7) 高原或高温条件下行驶时产生气阻。

3. 诊断方法

诊断流程如下图所示。

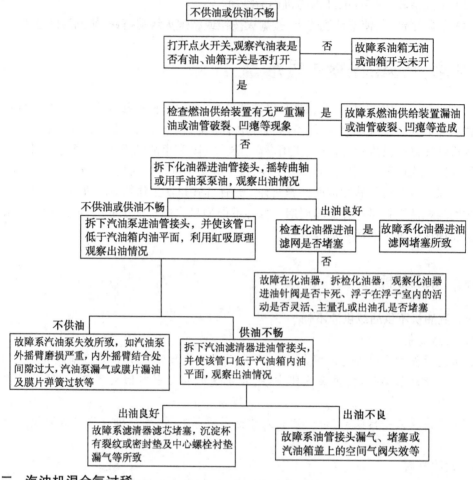

二、汽油机混合气过稀

1. 故障现象

（1）发动机起动困难，化油器有回火现象。

（2）起动后动力不足、加速不良。

（3）发动机水温过高。

2. 故障原因

混合气过稀的主要原因是供油量过少或进气过多，具体原因如下：

（1）油管堵塞、破裂、凹瘪，油管松动漏气。

（2）化油器浮子室的油面过低，主喷管油孔部分堵塞。

（3）化油器及进、排气歧管衬垫漏气。

（4）汽油滤清器部分堵塞或漏气。

（5）汽油泵外摇臂磨损严重，外摇臂与内摇臂结合处间隙过大，汽油泵漏气或膜片漏油，膜片弹簧过软，以及汽油泵与气缸体间衬垫太厚或固定不牢。

3. 诊断方法

诊断流程如下图所示。

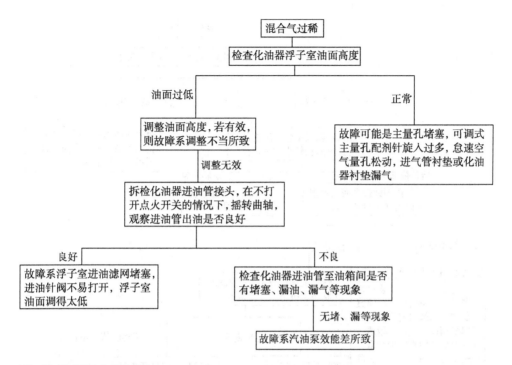

三、汽油机混合气过浓

1. 故障现象

（1）发动机不易发动，火花塞积炭严重。

（2）排气管冒黑烟或放炮。

（3）发动机加速不良，动力不足，油耗增加。

2. 故障原因

混合气过浓主要有两方面原因：一是供油量过多；二是进气量过少。从这两方面出发，分析具体的故障原因如下：

（1）化油器进油针阀关闭不严或浮子破裂，使浮子室油面过高。

（2）浮子室油面调整过高。

（3）化油器阻风门不能完全打开或基本处于关闭状态。

（4）空气滤清器过脏从而部分堵塞。

（5）主供油系统的主空气量孔、怠速空气量孔堵塞。

（6）汽油泵泵油压力过高。

（7）加浓装置失效。

3. 诊断方法

诊断流程如下图所示。

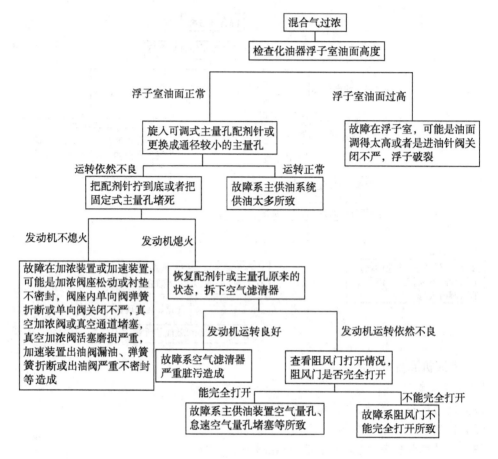

 本章小结

内燃机是园林机具的主要动力来源,是园林生产中使用最多的动力机械。它由曲柄连杆机构、配气机构与进排气系统、燃油供给系统、润滑系统、冷却系统、点火系统(汽油机)和起动装置等组成,其中曲柄连杆机构、配气机构与进排气系统、燃油供给系统以及汽油机的点火系统是内燃机的核心,完成工作循环、实现能量转换。润滑系统、冷却系统和起动装置是辅助装置,保证汽油机的正常工作。"空气滤清器、燃油滤清器、机油滤清器"简称"三滤",其技术状态的好坏,直接影响汽油机的功率和使用寿命,应加强对"三滤"的技术保养。

小型汽油机大多是二冲程内燃机,其构造和工作过程与四冲程内燃机相比较有较大区别,没有单设的配气机构、冷却系统和润滑系统。本章主要介绍了化油器和磁电机点火系统的组成和工作过程,以及小型汽油机的使用和调整方法。

 复习思考

1. 解释下列名词:上止点、下止点、活塞行程、燃烧室容积、工作容积、气缸总容积、压缩比、工作循环。

2. 汽油机由哪些系统和机构组成？
3. 试述单缸四冲程和二冲程汽油机的工作过程。
4. 简述二冲程汽油机的结构特点。
5. 试述曲柄连杆机构的功用和组成。
6. 活塞环的功用是什么？
7. 配气机构的功用是什么？
8. 什么是气门间隙？如何调整气门间隙？
9. 汽油机燃油供给系统的组成与功用是什么？
10. 简述化油器的工作过程。
11. 润滑系统的功用是什么？
12. 冷却系统的使用注意事项有哪些？
13. 磁电机点火系统有何特点？
14. 什么是内燃机的磨合？磨合的意义是什么？
15. 简述小型汽油机的起动过程。

第 2 章 园林拖拉机

本章导读

了解园林拖拉机的特点及种类;了解拖拉机底盘各部分的结构及工作原理;掌握离合器、变速箱的正确操作方法;掌握园林拖拉机的正确使用及维护保养基本知识。

2.1 园林拖拉机概述

园林拖拉机是一种机动性强、适应性广、可以自行行走的动力机械。与作业机具配套,广泛应用于园林绿化各项作业中。作业机具由拖拉机以牵引、悬挂等形式挂接作业,也可以在挂接作业的同时输出动力(机械动力或液压动力)驱动各种园林绿化作业机具进行多种作业,如剪草、打药、撒肥、喷灌等。

2.1.1 园林拖拉机的特点

园林业发展早期,农业、林业拖拉机被用于园林作业,如绿地建植时的推土、整地、挖沟、挖掘以及打药、灌溉等。后来,由于运动业、旅游业的发展,园林绿地的观赏价值以及其产业化、商业化的特点,对建植和养护提出了更高标准,而农业、林业拖拉机从性能、功能及形态造型各方面都不能满足其园林绿化作业的要求。因此,在国外一些发达国家,专用于园林作业和草坪作业的园林拖拉机和草坪拖拉机应运而生,并得到迅速发展。高新技术、新工艺、新材料的应用,使园林拖拉机日臻完善,并逐渐形成独立的分支。

园林拖拉机有以下特点:

(1)机身矮、体积小、功率小。机动灵活性好,结构紧凑、轻便,转弯半径小甚至是零转弯半径。有极灵活的转弯能力,甚至可原地旋转,进退自如。可在树木、灌木、篱笆、围墙周围周旋和精细作业。

(2)直接装备,有主工作装置,如草坪修剪装置、旋耕装置等。

（3）操纵系统采用集中控制，更加方便舒适。

（4）转向系统更加灵活、精细，便于操作，四轮转向机构的采用可大大减轻对绿地的旋压。

（5）设计更加符合人机工程学的要求。除强调机器的实用性、经济性和安全性、可靠性外，还特别重视驾驶的舒适性以及对振动、噪声的控制。

（6）为了适应园林作业的多种要求，园林拖拉机往往设置2或3种（前置、轴间和后置）动力输出轴和液压输出接头以及前后悬挂装置。

（7）重视环境保护，控制排烟。

（8）追求完美的形态造型及与园林环境的协调性。

（9）有较高的越野性和较小的接地压力。

（10）轮胎设计更加有利于对草坪、绿地的保护。

（11）高档园林拖拉机采用机、电、液一体化，实现自动控制。

2.1.2 园林拖拉机的种类

园林拖拉机按结构分有轮式、履带式和手扶式等几种。

一、轮式拖拉机

轮式拖拉机是园林作业中使用最多的拖拉机，其操纵方便、生产率和经济性较高、适应性强，但由于轮胎与地面接触面积小，往往容易产生打滑现象，其牵引附着性能不如履带式拖拉机，在粘重土壤、潮湿地、沙地及坡地作业受到一定限制。一般园林作业，特别是养护作业的条件较好，故轮式拖拉机得到广泛运用。

轮式拖拉机又有四轮、三轮和两轮等几种。

（一）四轮拖拉机

四轮拖拉机由于操作稳定性好，是园林拖拉机中最常用的一种。其中使用较多的是两轮驱动拖拉机，为改善轮式拖拉机的牵引附着性能和越野性以适应粘重土壤、潮湿地、沙地及坡地作业，也有四轮驱动拖拉机。

四轮拖拉机的功率一般为7.36~22kW。专门用于草坪修剪和养护的园林拖拉机称为驾乘式（或座骑式）草坪车（或机），也称为草坪拖拉机。

1. 两轮驱动的园林拖拉机

目前，各国生产的两轮驱动的园林拖拉机品种繁多，型式各异。图2.1.1所示为瑞典生产的LT系列的两轮驱动的四轮园林拖拉机，机动灵活，有可调的舒适的驾驶员座位，在座位上能很容易地接触到所有的控制装置，只需用一只手便可从驾驶座位上调节割草高度。该车采用齿轮箱传动，也可配备液压无级变速箱。后者是一种高度灵活机动的草坪拖拉机，用脚踏板就可连续进行变

图2.1.1　LT系列的四轮园林拖拉机

速控制。有的草坪车在制动时可自动脱开离合装置,起到减少磨损,延长刹车寿命的效果。

这种类型的草坪车一般用于高尔夫球场、草地广场、公园及企事业单位的草坪。

2. 四轮驱动的园林拖拉机

四轮驱动拖拉机的前、后轮都是驱动轮,拖拉机的全部重量都成了附着重量,前、后驱动轮一起发出驱动力,拖拉机的牵引能力大大增加。四轮驱动的园林拖拉机一般是专门设计的独立型四轮驱动拖拉机,其前、后轮的尺寸相同。另外,折腰转向在四轮驱动拖拉机上使用广泛。

图2.1.2所示为瑞典生产的TT40型四轮驱动拖拉机,它是一种既适用于农业、林业生产,也可以作为园林拖拉机使用的多功能、多用途拖拉机。该系列拖拉机装有前、后液压悬挂装置及动力输出轴(图2.1.3),并配备多种用途的轮胎,根据不同地面条件可分别采用低压轮胎、草坪轮胎和双轮胎(图2.1.4)。

图2.1.2　TT40型多用途拖拉机

(a) 前悬挂装置及动力输出轴　　　　　　　　(b) 后悬挂装置

图2.1.3　TT40型拖拉机工作装置

(a) 低压轮胎　　　　　　(b) 草坪轮胎　　　　　　(c) 双轮胎

图2.1.4　TT40型拖拉机轮胎

采用前悬挂装置可挂接旋刀式剪草机、滚刀式剪草机、甩刀式剪草机、往复切割式剪草机、除雪机、牧草横向梳草机;后悬挂装置可挂接撒播机、播种机、打孔机等;也可前后同时挂接机具,如前悬挂剪草机、后牵引清洁机,同时完成剪草、清扫两项作业。图2.1.5所示是一种功能齐全的多用途拖拉机。

图 2.1.5　前后挂接作业

（二）三轮拖拉机

三轮拖拉机较四轮拖拉机更轻便灵活，转向机构简单、转弯半径小，但其稳定性不如四轮拖拉机。在高尔夫球场的剪草及其他作业中常使用三轮拖拉机。图 2.1.6 所示为高尔夫球场草坪用三轮拖拉机。

图 2.1.6　高尔夫球场草坪用三轮拖拉机

（三）两轮拖拉机

两轮拖拉机是一种适于在各种地形上作业的动力机械。三轮、四轮拖拉机在坡地作业时，由于机身的倾斜使机器容易倾翻或侧滑，驾驶员不易保持正常姿势作业，机器倾斜造成发动机倾斜工作，从而导致润滑油不能正常供应等现象。

如图 2.1.7 所示为美国 DEWEZZ 制造公司生产的一种两轮拖拉机在坡地剪草作业的情况。发动机功率为 20kW，采用全液压驱动，刀片的旋转也是由液压马达驱动的。两侧割台的角度可以分别调节。为了增加机组的稳定性，在拖拉机的一侧（坡下一侧）装有稳定轮，稳定轮的高低由液压油缸控制，使机组工作时车身始终保持垂直状态。两侧割台分别装有自位轮，使刀盘在工作中随地面起伏而浮动。

这种拖拉机两侧装上可任意调节角度的割台，适于在平地、坡地、凸顶、凹沟、沟边沿等各种地形条件下工作。

图 2.1.7　两轮拖拉机工作状况

二、履带式拖拉机

履带式拖拉机的优点是履带与地面接触面积大、附着性能好、不易打滑陷车、能充分发挥牵引力、越野性强、稳定性好、接地比压低，在潮湿、土质粘重地上作业时，履带式比轮式有更好的使用性能。在园林作业中，耕地、推土、开沟、平地等需要大牵引力的作业中选用履带式拖拉机，公路护坡、杂草修剪也可选用履带式拖拉机。图 2.1.8 所示为以日本小松履带式拖拉机为动力的大型除草机。

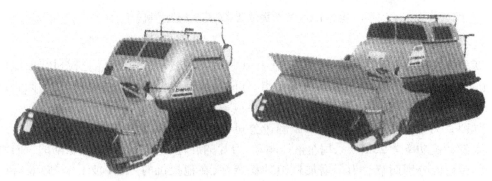

图 2.1.8　日本小松履带式大型除草机

三、手扶式拖拉机

手扶拖拉机是一种两轮的轮式拖拉机。工作时,驾驶人员手扶扶手随机步行。手扶拖拉机由发动机、传动箱、机架、扶手、行走装置等组成,如图2.1.9所示。

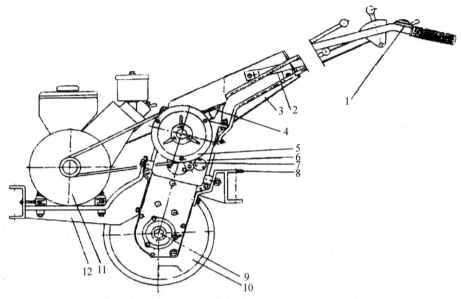

1:油门控制总成 2:扶手架总成 3:罩壳焊合 4:离合器与制动器拉杆组合 5:离合器总成
6:变速箱总成 7:三角胶带 8:牵引架 9:驱动轴 10:驱动轮或旋耕刀组 11:发动机 12:机架焊合

图2.1.9 小型手扶拖拉机

手扶拖拉机一般以小型单缸四冲程柴油机为动力,草坪用手扶拖拉机常采用小型单缸四冲程汽油机。手扶拖拉机有大、小两类,小手扶拖拉机的功率一般为2.2~4.4kW(3~6Ph),发动机常用风冷式四冲程单缸柴油机;大手扶拖拉机的功率一般为7.4~8.8kW(10~12Ph),发动机常用水冷四冲程单缸柴油机。手扶拖拉机的传动方式基本类似,发动机的动力经装在飞轮上的皮带轮,通过三角皮带传给离合器,然后传入传动箱。传动箱内设有变速器、中央传动、最终传动,在中央传动的两侧装有牙嵌式转向离合机构以取代一般的差速器。转向时,扳动转向手柄使牙嵌式离合器切断动力,切断左侧动力时向左转向,切断右侧动力时向右转向。两驱动轮装在最终传动的大齿轮轴上。在手扶架上的两个扶手上,装有操纵发动机的调速器油门和拖拉机的变速、停车、制动、转向等各种手柄和手把。

手扶拖拉机体积小、机身矮、重量轻、操纵灵活、通过性好,适用于果园、菜地作业。但驾驶员劳动强度大,大面积作业的生产率和经济性差。

2.1.3 园林拖拉机的组成

园林拖拉机一般由发动机、底盘和电器设备三部分组成。发动机的构造和工作原理前面已介绍,园林拖拉机的电器设备比较简单,本章着重介绍底盘部分,包括传动系统、行走系统、转向系统、制动系统和工作装置五个基本部分。

2.2 园林拖拉机的传动系统

传动系统的功用是将发动机的动力传给拖拉机的驱动轮、动力输出轴,根据工作需要,改变拖拉机的行驶速度、行驶方向和驱动扭矩,实现平稳起步和停车,并驱动主工作部件。园林拖拉机的传动系统包括离合器、变速器、驱动桥三大部分。

2.2.1 离合器

离合器的功用是接合或切断发动机传给传动系统的动力,切断动力以便拖拉机换挡和停车;平顺接合动力保证拖拉机平稳起步;超载时可利用其打滑,保护传动系统机件。

离合器的种类很多,在草坪养护机械和拖拉机传动系统中,广泛采用摩擦式、离心滑块式和皮带张紧式。小型手扶式机具常用离心滑块式或皮带张紧式。我国生产的手扶拖拉机大多采用双片摩擦式;座骑式草坪车大多采用皮带张紧式。

一、摩擦式离合器

摩擦式离合器靠主动部分和从动部分接触面间的摩擦力来传递扭矩。

1. 离合器的一般构造

图2.2.1为双片摩擦式离合器,它由主动部分、从动部分、压紧装置及操纵机构四部分组成。

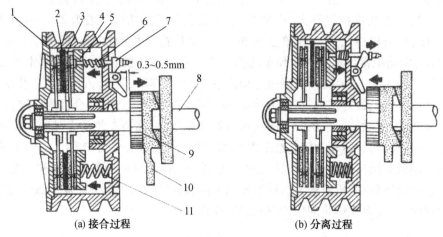

(a) 接合过程　　(b) 分离过程

1:离合器盖　2:主动盘　3:从动盘　4:皮带轮　5:压盘　6:分离拉杆
7:分离杠杆　8:离合器轴　9:分离轴承　10:分离拨叉　11:离合器弹簧

图2.2.1　离合器工作过程

主动部分包括皮带轮(即离合器壳体)、主动盘、压盘和离合器盖等,工作时随皮带轮一起转动。主动盘和压盘在旋转的同时可做轴向移动。

从动部分包括两个从动盘(也称离合器片)和离合器轴。从动盘钢片两面均铆有胶石棉衬片,与离合器轴以花键连接,并可做轴向移动。

压紧装置由若干个弹簧组成,处于离合器壳体与压盘之间。

操纵机构由分离拉杆、分离拨叉、分离轴承和分离杠杆等组成。分离拉杆与压盘相连。

2. 离合器的工作过程

离合器踏板未踩下时,压盘在压紧弹簧作用下,将主动盘和从动盘紧压在离合器盖上,并随发动机曲轴的旋转而转动,从而把动力由离合器传到变速箱;当离合器踏板踩下时,通过拉杆带动分离拨叉转动,使分离轴承向左轴向移动,通过分离杠杆带动压盘克服弹簧弹力向右移动,于是,离合器片、压盘和离合器壳体之间出现间隙,摩擦力消失,传动变速箱的动力被切断。

3. 离合器的正确使用

离合器分离时,踏板要迅速踩到底,做到彻底分离。离合器接合时,要缓慢而连续地放松踏板,使之接合平顺,以便拖拉机平稳起步。离合器分离时间不易过长,当需要长时间停车时,应换成空挡,不应采用半分离离合器的方法来控制车速。开车时脚不能放在离合器踏板上;不应用猛抬离合器踏板的方法来冲越沟、埂等困难地带;应按说明书规定,定期对离合器进行润滑、检查和调整。特别是在离合器接合状态时,应保证三个分离杠杆和分离轴承之间 0.3~0.5mm 的离合器间隙(图 2.2.1)。

二、离心滑块式离合器(图 2.2.2)

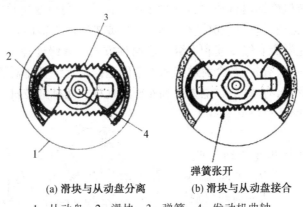

(a) 滑块与从动盘分离　　(b) 滑块与从动盘接合

1:从动盘　2:滑块　3:弹簧　4:发动机曲轴

图 2.2.2　离心滑块式离合器

离心滑块式离合器多用于手扶式草坪养护机械,一般由主动部分和从动部分组成。主动部分由离合器主体、滑块和拉紧弹簧组成。滑块与离合器主体呈滑动连接,在旋转平面的径向可以滑动,用弹簧将其箍紧在离合器主体上,离合器主体安装在发动机曲轴或飞轮上。从动部分是一个盘,安装在机器的从动轴上。

工作时,随着发动机转速增大,滑块的离心力也随之增大,当离心力大于弹簧的箍紧力时,滑块便沿滑道向外径方向移动。当滑块移动到与从动盘内表面接触时,便不再移动,滑块与从动盘之间便有摩擦力产生。随离心力增大,滑块对从动盘内表面的压力越大,摩擦力也越大,从而带动从动盘一起旋转。

当发动机转速降低,滑块离心力小于弹簧的箍紧力时,滑块便回位与从动盘脱开,从而切断动力。主动盘滑块与从动盘接触时的发动机转速称为结合转速,该转速是根据机器作业要求通过调节箍紧弹簧的预紧力来实现的。

三、皮带张紧式离合器

皮带张紧式离合器结构简单,操纵、维护和调整都很方便,目前在小功率草坪拖拉机和园林拖拉机上使用较广。如图2.2.3所示,皮带轮1和皮带轮2将发动机动力分别传给驱动桥和刀盘,张紧皮带轮3和5都可以起到张紧离合器的作用。张紧时,皮带能传递动力,松开时就脱离了动力。

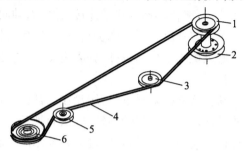

1:传动系统驱动皮带轮　2:刀盘驱动皮带轮
3:张紧轮　4:V形皮带　5:张紧轮
6:驱动桥动力输入皮带轮

图2.2.3　皮带张紧式离合器

2.2.2　变速器

变速器的功用是在发动机转速不变的情况下改变传动比,增大驱动轮的扭矩和转速的变化范围,以适应变化的作业条件,同时使发动机在有利的工况下工作;在发动机旋转方向不变的情况下使拖拉机能倒退行驶;在发动机运转情况下,利用变速箱空挡切断动力,使拖拉机能长时间停车,也使发动机能够进行起动、怠速或进行动力输出。

园林拖拉机变速器有有级变速和无级变速两种方式。有级变速一般为齿轮变速,有若干个定值的传动比,一般有3~5个前进挡和1个倒退挡。无级变速器的传动比在一定数值范围内可无限多级变化,有摩擦式、电力式和液压式几种。园林拖拉机一般采用液压式无级变速。

一、齿轮变速

小型拖拉机多采用齿轮传动。变速箱一般由变速箱壳、主动轴、中间轴、从动轴、倒挡轴、主动齿轮、从动齿轮、倒挡齿轮以及操纵机构等组成(图2.2.4)。与离合器从动轴直接相连接的齿轮为主动齿轮,安装在从动轴的齿轮为从动齿轮,从动齿轮与从动轴为花键连接,齿轮可做轴向移动,与中间轴上的齿轮啮合。

从动齿轮与主动齿轮的直径或齿数之比,称为传动比。当主动轴转速一定时,传动比越大,则从动轴转速越低,扭矩越大;传动比越小,则反之。由此可见,使用传动比不同的齿轮组合,就可以

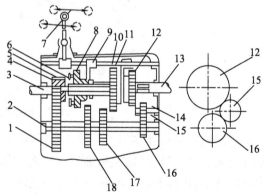

1、4、5、8、11、12、15、16、17、18:齿轮　2:中间轴
3:主动轴　6:内齿轮　7:变速杆　9:拨叉　10:滑杆
13:从动轴　14:倒挡轴

图2.2.4　三轴式变速箱示意图

改变车辆的行驶速度和牵引力。可以啮合的齿轮对数越多,则变速箱的挡位越多。变速箱就是通过操纵机构实现不同对的主、从动齿轮啮合而达到变速变扭的目的。图2.2.4中,当齿轮12与齿轮15啮合时,在传动线路上又增加了中间齿轮,可改变从动齿轮的旋转方向,实现"倒挡"。当从动轴上的所有齿轮与中间轴上的齿轮均未啮合时,从动轴不转动,传动被切断,这就是"空挡"。

变速箱的操纵机构由换挡机构、自锁机构、互锁机构和联锁机构等组成。换挡机构的主要作用是拨动滑动齿轮做轴向移动,与相应的齿轮啮合或脱开;自锁机构的作用是避免拖拉机在工作中自动脱挡或自动挂挡,并保证工作齿轮处于完全啮合或完全分离的位置;互锁机构的作用是防止同时拨动两根拨叉轴而挂上两个挡位;联锁机构的作用是加强自锁作用以及保证离合器彻底分离时才能挂挡,避免挂挡碰齿。

此外,为防止换挡时由于偶然疏忽,误将变速杆推向倒挡,导致零件损坏,以及车轮起步时误挂倒挡,发生安全事故,在有些拖拉机上还安装有倒挡锁,挂倒挡时必须进行与挂前进挡不同的操作方法,或对变速杆施加比挂前进挡更大的力,方能挂入倒挡。

变速箱使用时应注意以下事项:
(1)应根据负荷大小、道路情况、作业要求选择合适的挡位。
(2)离合器未完全分离时不得挂挡、不得猛抬离合器踏板起步,以防齿轮受到冲击。
(3)挂挡时必须把变速杆推到底,使齿轮完全啮合。
(4)经常检查变速箱内的润滑油,不足时应及时添加。

二、V型皮带无级变速器

图2.2.5为两极传动带传动V型皮带无级变速器的剖面图。输入皮带和输出皮带的带轮外侧轮缘各固定在轮轴的上、下两端,而它们的内侧轮缘制成一体,成为一个能在花键套筒上滑动的圆盘。当操纵变速杆使输入皮带张力增大时,则输入V型皮带挤向圆心,其带轮的直径变小。同时输入V型皮带迫使滑动圆盘上移,进而把输出V型皮带往外挤,使其带轮的直径变大,从而使无级变速器后面的驱动桥带轮转速增大,行驶速度也增大,反之,行驶速度下降。这样的速度变化可以是无级的,操纵方便、结构简单、成本低,适用于小型草坪拖拉机与园林拖拉机。

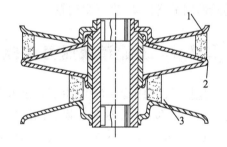

1:输出皮带 2:滑动圆盘 3:输入皮带
图2.2.5 V型皮带无级变速器

三、液压无级变速

液压无级变速由于其操作简单,已被越来越多地应用在草坪拖拉机与园林拖拉机上,特别是功率较大的拖拉机上。液压无级变速装置主要由液压泵、液压马达、控制阀、散热器、过滤器和油箱等组成。液压泵在发动机动力驱动下,使液压系统内油压升高,经过控制阀后驱动液压马达,再由液压马达通过驱动桥驱动拖拉机行驶。液压控制阀用于控制液压油流入液压马达的流量和流动方向,流入液压马达的流量增大,行驶速度就加快,反之则减慢。装备有液压无级变速装置的拖拉机,由于不需要变换啮合的齿轮,一般不设离合器及其操作踏板。有的在拖拉机上只设一个倾斜的脚踏板来操纵控制阀,使拖拉机前进、后退及变换速度。当用前脚掌踩动踏板时为前进,当用后脚跟向后踩踏板时为后退,踩踏越深,行驶速度越快,轻轻抬脚放松脚踏板,即可使车辆行驶速度下降直至停车。因此,液压无级变速器可以实现从非常低到很高行驶速度的无级变速。装备液压无级变速装置的拖拉机的操纵极为简单,尤其是对那些需要频繁变换速度的作业,液压无级变速更能显出它的优越性。目前,大部分功率较大的草坪拖拉机和园林拖拉机多采用"液压无级变速+机械式驱动桥"的结构形式。

2.2.3 驱动桥

驱动桥的功用是将变速器传来的动力传给驱动轮,并增扭降速。驱动桥主要由减速器、差速器和半轴及驱动桥壳组成。如图2.2.6所示,由变速器传来的动力经输入轴1传给圆锥齿轮减速器7,通过操纵拨叉轴2使牙嵌离合器6的滑环在轴上滑动,可以实现拖拉机的前进、后退或停车。动力经圆柱齿轮减速器4进一步减速增扭后传给差速器5和两半轴9,最后传给装在两个半轴上的两驱动轮,使拖拉机行走。减速器的作用是增大扭矩、降低速度。差速器的作用是保证拖拉机在直线行驶时,两个驱动轮旋转速度相同,而转弯或在不平路面行驶时,能自动使两个驱动轮旋转速度不同,并把动力通过半轴传递给两侧最终传动,直至驱动轮。

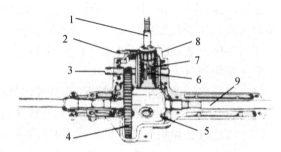

1:动力输入轴　2:拨叉轴　3:驱动轴
4:圆柱齿轮减速器　5:差速器　6:牙嵌离合器
7:圆锥齿轮减速器　8:驱动桥壳　9:半轴

图2.2.6　驱动桥结构

2.2.4 双通道液压直接驱动系统

拖拉机的每个驱动轮都由高转矩液压马达单独直接驱动,每一马达由一个液压泵供油,每一驱动轮都有一个能独立操纵的液压系统,液压泵的流量和流向由控制阀控制。流量大则车速高;如一个流量大,另一个流量小则转弯;一个正转,另一个反转则可实现零转弯半径。这种全液压驱动系统有两个突出优点:一是可以实现无级变速;二是有很高的机动性,可以实现拖拉机的原地转弯。

2.3　园林拖拉机的行走系统

行走系统的功用是把由发动机经传动系统传到驱动轮上的驱动扭矩转变为行驶和工作所需要的驱动力,使车辆在地面上行驶,并支承车体重量,还能缓和不平地面对车身造成的冲击,以减少车身振动,保证车辆行驶平稳。

轮式拖拉机的行走系统由车架、前桥和车轮三部分组成。

2.3.1 车架

车架是拖拉机的骨架,它用来安装发动机、传动系统和行走系统的部件,使拖拉机成为一个整体。园林、草坪拖拉机多采用2.5mm厚度以上的钢板冲压成形的箱形结构的主体车架。

2.3.2 前桥

前桥用来安装前轮,是拖拉机的前支承,拖拉机通过前轮承受前部重量。前桥一般与机体铰接,当拖拉机在不平地面上行驶时,前桥可绕铰接点摆动,使两前轮始终与地面接触(图2.3.1),保证拖拉机的稳定性。为适应各种作业需要,前轮轮距可调。

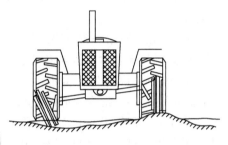

图2.3.1 在不平地面上前轴的摆动

2.3.3 车轮

车轮分为转向轮和驱动轮两种。拖拉机的前轮为转向轮,由方向盘通过传动杆件操纵,引导拖拉机的行驶方向。为使拖拉机转向轻便灵活,转向轮一般比驱动轮小。拖拉机的后轮为驱动轮,其作用是支承拖拉机后部重量,并将最终传动装置传来的扭矩变为驱动力,驱动拖拉机行走。为减少打滑并使拖拉机有良好的附着性能,驱动轮通常直径较大,轮面较宽。

车轮一般由轮胎、轮毂、轮辋(即轮圈)及连接轮毂和轮辋的钢质轮盘组成。轮盘与轮辋的连接型式有焊接、铆接和螺栓连接三种。轮盘与轮毂一般用螺栓连接。国产轮辋常见的有平式和深式两种。

由于园林绿化作业特殊的工作环境,要求在草坪上工作的园林机具,特别是草坪拖拉机和园林拖拉机在行驶和转弯时不能破坏草坪,不能压伤株,不能留下特别的痕迹,以免影响草坪的景观,因此对园林机具与地面直接接触的轮胎有特殊的要求。轮胎有充气轮胎和实心轮胎两种,实心轮胎一般只用在小型园林机具上,大型园林机具和园林拖拉机均采用充气轮胎。充气轮胎分为有内胎和无内胎两种,座骑式草坪车和园林拖拉机常采用无内胎充气轮胎。这种轮胎是在外胎内壁粘附一层2~3mm的橡胶密封层而成,另外在胎圈上制有若干道同心的环形槽纹,靠胎内气压作用,使槽纹紧贴轮辋边缘,以保证轮胎与轮辋间的气密性。

轮胎的充气压力对拖拉机的使用性能和接触的地面均有重要影响。充气轮胎又分高压轮胎(气压为0.5~0.7MPa)、低压轮胎(气压为0.15~0.45MPa)及超低压轮胎(气压小于0.15MPa)三种。高压轮胎承载能力强,但与地面接触面积小,容易破坏地面。低压轮胎弹性好、缓冲性能好、断面宽、与路面接触面积大,因此附着性好,对地面的破坏也小。这些特点提高了拖拉机行驶的平稳性和转向操纵的稳定性。超低压轮胎则断面更宽,与地面接触面积更大,对地面影响很小。因此,草坪拖拉机和园林拖拉机一般采用低压和超低压轮胎,并以超低压轮胎为主。

轮胎的胎面花纹对拖拉机的使用性能也有着重要的影响。胎面花纹有普通型、越野型、混合型等多种类型。普通型轮胎花纹的特点是细而浅,有横向和纵向花纹,花纹块接地面积大,其耐磨性和附着性好,适用于较好的硬质路面,一般汽车轮胎选用这类花纹;越野花纹的特点是花纹粗,凹凸明显,常用"人"字形或"八"字形花纹,它在软路面上附着性好,越野能力强,适于在松软和不平的路面以及泥雪路面上行驶,若在较好路面上行驶会加速花纹的磨损,一般拖拉机后轮轮胎选用这类花纹;混合型轮胎的花纹则是上述两者的过渡形式。草坪拖拉机轮胎的花纹(图2.1.4)比普通轮胎花纹更浅、更细,花纹块与地面接触面积大,不易破坏草坪。

目前,充气轮胎一般习惯用英制计量单位表示,但欧洲国家则常用米制表示法,也有用字母作为代号来表示轮胎规格尺寸的。我国轮胎规格标记也采用英制计量单位。

充气轮胎的规格以轮胎名义外径 D、轮胎内径或轮辋直径 d、轮胎断面宽度 B 及扁平率(轮胎断面高度 H/轮胎断面宽度 B)等尺寸表示,单位一般为英寸(in)(1in=2.54cm)。

高压胎一般用 D×B 来表示,"×"表示高压胎。低压胎其尺寸标记用 B—d 表示,"—"表示低压胎。例如,标记9.00—20,表示轮胎断面宽度为9in,轮辋直径为20in 的低压胎。如果是子午线轮胎,则用9.00R20 标记,中间的字母"R"代表子午线轮胎。

目前,美国、德国、日本等国家表示的方法较统一。例如,德国的奥迪轿车无内胎充气轮胎的标记:185/70—R14,其中,"185"表示轮胎的宽度为185mm,"70"表示轮胎的高宽比 H/B 即扁平率为70%,"—"表示为低压胎,"R"表示为子午线轮胎,"14"表示轮辋直径为14in。

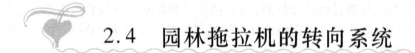

2.4 园林拖拉机的转向系统

2.4.1 功用与类型

转向系统的功用是改变和控制拖拉机的行驶方向,保证拖拉机的正确行驶和安全工作。

轮式拖拉机的转向系统有机械式、全液压式和液压助力式三种。机械式转向系统是靠人力来转向的,由差速器和转向操纵机构组成。转向操纵机构包括转向器和转向传动机构。全液压转向系统中,用液压转向器代替机械式转向器。园林拖拉机主要采用这两种型式。

履带式拖拉机转向系统一般采用转向离合器来实现转向。

2.4.2 转向型式

园林用轮式拖拉机转向有前轮转向、后轮转向、四轮转向和折腰转向等类型(图2.4.1)。

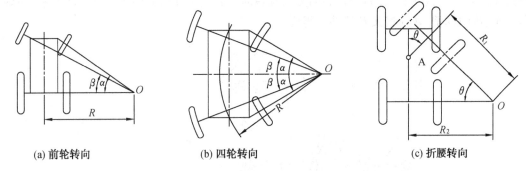

(a) 前轮转向　　　(b) 四轮转向　　　(c) 折腰转向

α,β：内外转向轮偏转角　R：转向半径　O：转向中心
R_1,R_2：前、后桥转向半径　θ：机架转角　A：转向销

图2.4.1　转向方式

一、前轮转向

前轮转向的拖拉机直线行驶性和操纵性好。前轮转向是通过一套专门的转向机构使其前桥上的两个车轮(前轮或转向轮)相对车辆纵轴线偏转一定角度，此时路面对转向轮的阻力产生垂直于轮平面的分力，该力成为拖拉机做曲线运动(转向)的向心力。为了转弯时车轮做纯滚动，要求车轮的轴线均交于一点，如图2.4.1中的 O 点，此点称为转向中心。从转向中心 O 到拖拉机纵向对称平面的距离称为转向(弯)半径。转弯半径越小，拖拉机转向所需的场地越小，其机动灵活性越好。

二、后轮转向

后轮转向一般只用于前方需设置工作机具的拖拉机。如前置刀盘式草坪拖拉机采用后轮转向，转向原理、方法与前轮转向相同。

三、四轮转向

前、后轮均为转向轮的转向方式称四轮转向。四轮转向使车辆的转弯半径比只用前轮转向时缩小1/2，四轮转向用于前、后轮尺寸相同的拖拉机[图2.4.1(b)]。

四、折腰转向

折腰转向一般用于前、后轮尺寸相同的四轮驱动拖拉机[图2.4.1(c)]。其前、后机架用转向销A铰接，靠动力使前、后机架相对转动而实现转向，机架相对转角为35°~45°。折腰转向拖拉机的转弯半径比普通的前轮转向要小，但直线行驶性较差，转向时横向稳定性变坏，在两轴间布置机具较困难。

2.4.3 转向机构

由于作业环境比较复杂，草坪拖拉机和园林拖拉机往往要在狭小地带、树木周围、花坛或围墙跟前进行作业,所以要求其转向更加灵活,操纵更加轻便,转弯半径尽可能小,甚至实现零转弯。因此,不少草坪拖拉机和园林拖拉机在转向机构的结构上采取了一些特殊措施。

一、手扶拖拉机的转向机构

手扶拖拉机的转向系统通常采用牙嵌式转向离合器(图2.4.2),通过转向操纵机构使转向离合器分离,切断单边驱动轮的动力实现转向。它由带牙嵌的中央传动齿轮和左、右转向齿轮、转向弹簧、转向拨叉及杆件等组成。

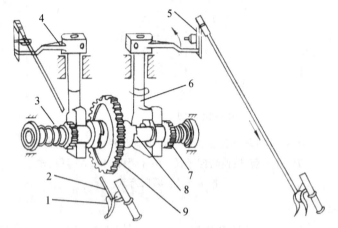

1:转向手把　2:转向拉杆　3:转向弹簧　4:转向臂　5:转向杠杆
6:转向拨叉　7:转向齿轮　8:芽嵌离合器　9:中央传动齿轮

图2.4.2　牙嵌式转向机构

在拖拉机直线行驶时,其左、右转向齿轮在转向弹簧的作用下通过牙嵌与中央传动齿轮接合在一起,两个驱动轮转速一致,拖拉机直线行驶。转弯时,只要捏紧某一边的转向手柄,通过转向拨叉的转动,使原来接合的牙嵌分离,该边的动力被切断,该侧驱动轮停止转动,而另一侧驱动轮继续旋转,拖拉机实现转向。

手扶拖拉机坡道行驶的转向方法与平地不同,应引起注意。下陡坡时,若一边牙嵌分离,该侧驱动轮失去控制,转速反而加快,因此,转向操作应与平地操作相反。上坡时捏转向手柄,拖拉机很容易转向,应防止急转弯而造成翻车。

二、四轮拖拉机的转向机构

这里只介绍机械式和全液压式转向机构。

(一)机械式转向机构

转向机构由方向盘、转向轴、转向器、左转向摇臂、右转向摇臂、转向垂臂、纵拉杆、横拉杆等组成,如图2.4.3所示,有转向梯形式和双拉杆式两种类型。

转向器是一个减速增扭装置,用来增大方向盘传来的扭矩,并改变扭矩方向。转动方向盘时,通过转向传动装置,使两前轮向一侧偏转,内侧轮偏转角大于外侧轮偏转角,两轮无侧滑,顺利转向。

后轮的转向是通过差速器来实现的。当拖拉机需要转向时,差速器使两驱动轮以不同转速旋转,内侧转得慢,外侧转得快,使拖拉机顺利转向。

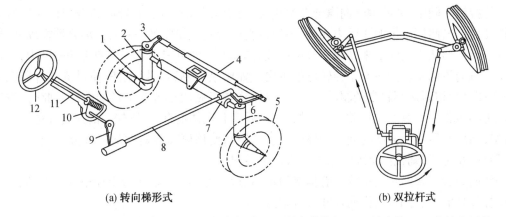

(a) 转向梯形式 (b) 双拉杆式

1：转向轮轴 2：转向节支架 3：左转向摇臂 4：转向横拉杆 5：转向轮 6：右转向摇臂
7：前轴 8：转向纵拉杆 9：转向垂臂 10：转向器 11：转向轴 12：方向盘

图2.4.3 轮式拖拉机转向机构

（二）全液压式转向机构

如图2.4.4所示，全液压式转向机构由液压泵、液压控制阀、双向作用液压油缸、液压油箱和高压油管等组成，从方向盘到转向轮没有机械机构连接。液压泵由发动机驱动；液压控制阀由转向轴通过方向盘操纵；双向作用液压油缸一端与前轴铰接，另一端与转向梯形的横拉杆铰接；高压油管用于输送液压油从液压泵到液压控制阀再到双向作用油缸；液压油箱用于储存液压转向系统所需的液压油。

当方向盘转动时，液压控制阀将从液压油泵加压的液压油供给双向作用液压油缸的一个工作腔，推动油缸的活塞移动，同时油缸另一腔的液压油经油管回液压油箱，油缸的活塞杆推动与其铰接的转向梯形横拉杆运动，从而驱动转向轮向左或右转向。方向盘转得越快，控制阀供给油缸的油量就越大，转向也就越快。

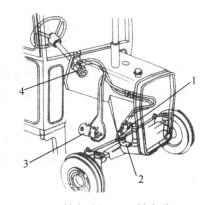

1：转向油缸 2：转向臂
3：油泵和油箱 4：控制阀

图2.4.4 全液压式转向机构

液压转向机构的缺点是必须在发动机工作状态下才能工作，一旦发动机熄火，转向便失去控制。

三、履带式拖拉机的转向机构

和轮式拖拉机不同，履带式拖拉机的转向机构设在传动系统内，通过改变传到两侧驱动轮上的驱动力矩，使两侧履带上具有不同的驱动力，形成转向力矩，实现转向。履带式拖拉机多采用转向离合器式的转向机构，两个转向离合器分别布置在中央传动与左、右最终传动之间，并各设一套操纵机构，通过操纵左、右操纵杆来分别控制。因传递扭矩较大，所以采用多片式离合器。在离合器的从动鼓上还设有带式制动器，也各设一套操纵机构，通过左、右踏板来分别控制，可在一侧转向离合器分离后，将该侧离合器的从动部分适当制动，以配合转向离合器，达到不同程度的转向要求。

拖拉机行驶中,如两侧转向离合器都接合,由中央传动经左、右转向离合器及最终传动和驱动轮传给两侧履带的驱动力相同,拖拉机直线行驶。如操纵一侧转向离合器操纵杆,使之处于半分离状态或间断地做瞬间分离或接合的动作,便可减小这一侧履带的驱动力,满足使拖拉机向该侧做较大转弯半径转弯的需要。如操纵一侧转向操纵杆,使该侧离合器完全分离,即完全切断该侧履带的驱动力,就可以使拖拉机做较小转弯半径的转弯。此时,被切断动力的履带并没有停止行驶,而是被另一侧履带和机体拖带着,以较慢的速度前进。如在一侧转向离合器完全分离的同时,又踩下制动踏板,使该侧离合器的从动部分完全制动,该侧履带停止拖行,则拖拉机就绕该侧履带原地转向。

转向离合器式的转向机构具有构造简单、制造容易、成本低、转弯半径小等优点,但也存在摩擦片易磨损、寿命短、横向尺寸大等缺点。

2.5 园林拖拉机的制动系统

2.5.1 功用和组成

制动系统的功用是强迫车辆迅速降低速度或紧急停车;保证斜坡上可靠停车及进行固定作业;车辆作业时使用单边制动可协助转向。它是保证车辆安全行驶、作业所不可缺少的装置。

制动系统由制动器和制动操纵机构两部分组成,制动器是专门用来对运动着的驱动轮产生阻力矩,以便能很快地减速或停止转动的装置;操纵机构则是使制动器起作用的机构。

2.5.2 制动器

目前使用的制动器都是摩擦式的,它主要由旋转元件和制动元件组成。旋转元件始终跟驱动轮联系在一起转动,制动元件则是不转动的,与机体连在一起。根据摩擦元件的形状不同,摩擦式制动器分为蹄式、盘式和带式三种。在四轮拖拉机和乘座式草坪割草设备上一般采用蹄式和盘式制动器,带式制动器广泛使用于履带式拖拉机上。

一、蹄式制动器

如图2.5.1所示,蹄式制动器旋转元件是制动鼓,固定在半轴上或车轮的轮毂上。制动元件是两个蹄片,外表面铆有摩擦衬片,蹄片在制动鼓内,蹄片的一端通过连接板铰接在半轴壳上,另一端用弹簧拉紧靠在凸轮上。不制动时,蹄片和制动鼓之间保留一定间隙。当踏下制动踏板时,通过传动杠杆使制动凸轮转动,向两边撑开制动蹄片,并压向制动鼓,依靠摩擦表面产生的摩擦力制动。松开制动踏板,制动凸轮转回原位,回位弹簧将制动蹄片拉回,制动解除。

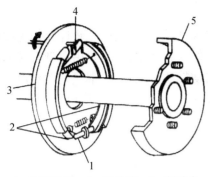

1：调节装置 2：制动蹄 3：制动盘
4：制动凸轮 5：制动鼓

图 2.5.1 蹄式制动器

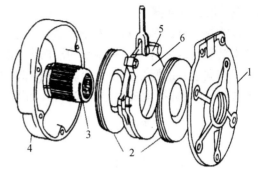

1：盖 2：摩擦盘 3：半轴
4：半轴壳 5：斜拉杆 6：压盘

图 2.5.2 盘式制动器

二、盘式制动器

如图 2.5.2 所示，盘式制动器旋转元件是套在差速器半轴上的一对摩擦盘，其两侧面均铆有摩擦衬片。制动元件包括一对压盘及两侧的半轴壳和中间盖。一对压盘位于两个摩擦盘之间，浮动地支承在半轴外壳上，并能在较小弧度内转动，两压盘内侧面有数个卵形凹坑，在凹坑内装有钢球。两压盘用弹簧拉紧。

如图 2.5.3 所示，制动时，制动踏板通过斜拉杆使两压盘相对转动一个角度，凹坑内的钢球被迫向坑边滚动，将两压盘挤开，两压盘就将旋转着的两个摩擦盘分别推向半轴壳和中间盖，使各相对摩擦表面间产生摩擦扭矩，最终将半轴制动。当松开制动踏板时，则弹簧又将两压盘拉紧复原，使钢球进入坑底，恢复了摩擦盘两侧的间隙，制动解除。

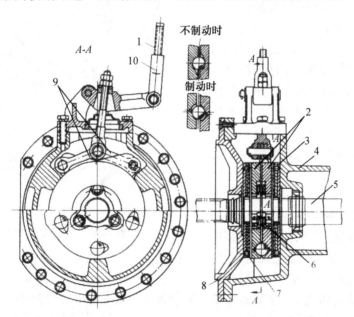

1：拉杆 2：压盘 3：摩擦盘 4：半轴壳 5：半轴
6：弹簧 7：摩擦盘 8：中间盖 9：斜拉杆 10：调节叉

图 2.5.3 盘式制动器

三、带式制动器

带式制动器的制动元件为一条铆有摩擦衬片的钢带,旋转元件是以外圆柱面作为摩擦面的制动鼓。因为可以利用现存的转向离合器从动鼓作为制动鼓,它主要用在带有转向离合器式转向装置的履带拖拉机上。根据制动时拉紧制动带的方式不同,带式制动器可分为单端拉紧式、双端拉紧式和浮动式三种,如图2.5.4所示。

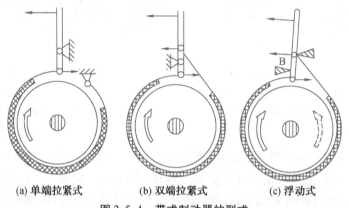

(a) 单端拉紧式　　(b) 双端拉紧式　　(c) 浮动式

图 2.5.4　带式制动器的型式

2.5.3　制动操纵机构

在一般的拖拉机上,制动操纵机构几乎都是机械式的,制动踏板通过一系列杠杆与制动元件相连。左右制动器踏板可以用连接板相连接,以便同时制动两个驱动轮。当松开制动踏板时,回位弹簧使踏板自动回位,制动解除。在操纵机构中设有停车锁定装置,它能卡住已踩下的制动踏板,使其不能回位,以使制动器能在没有驾驶员操纵的情况下处于制动状态。

目前,有些草坪养护设备和拖拉机上采用液力制动器操纵机构(图2.5.5),即机械式制动器的制动凸轮由制动分泵所代替。制动分泵内装有两个活塞,借助制动蹄回位弹簧使活塞与蹄端互相接触。传动杆件由输油管路代替,在管路与制动踏板之间加装了一个制动总泵,总泵内盛有刹车油,总泵内活塞由与踏板连接的推杆驱动。

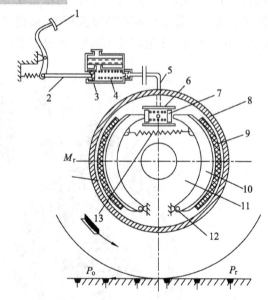

1:制动蹄踏板　2:推杆　3:主缸活塞　4:制动主缸
5:油管　6:制动分缸　7:分泵活塞　8:制动鼓
9:摩擦片　10:制动蹄　11:制动底板　12:支承销
13:制动蹄回位弹簧

图 2.5.5　液力制动器操纵机构

制动时,踏板通过推杆推动总泵内活塞,封闭旁通孔,油压升高,经输油管进入制动分泵,推动分泵的两个活塞向两侧移动,制动蹄张开执行制动,当松开制动踏板后,在踏板弹簧、总泵回位弹簧和制动蹄回位弹簧的作用下回位,制动解除。

2.6 园林拖拉机的工作装置

拖拉机通过工作装置把动力传到机具上,带动各种机具进行作业。工作装置包括动力输出装置(动力输出轴和驱动皮带轮)、牵引装置和悬挂装置等。

2.6.1 动力输出装置

拖拉机上的动力输出装置主要是动力输出轴,用以驱动需要动力传动而进行工作的机具,如旋耕机、喷粉机、喷雾机、施肥机、中耕机等。

动力输出轴一般安装在拖拉机的后面,也有安装在前面和侧面的。有的拖拉机前后都有动力输出轴。

由于作业种类和要求不同,机具对动力输出转速的要求也不一样。动力输出轴按照转速特点可分为标准式和同步式两种。标准式动力输出轴的转速与发动机的转速成正比,它不随拖拉机换挡而变化。同步式动力输出轴一般由变速箱输出轴引出动力,其转速与拖拉机各挡位行驶速度成正比,它可以满足工作转速随拖拉机行驶速度直接变化的一些作业需要。

为了使拖拉机能挂接各种不同需要动力输出轴动力的机具,对动力输出轴的转速、连接尺寸和形状各国都有标准。我国最常用的动力输出轴转速为在发动机额定转速状态下 540±10r/min,采用直径为38mm、8键的花键轴。

驱动皮带轮(图2.6.1)为固定式作业机械的动力装置,带动排灌抽水、发电等机械。驱动皮带轮套在动力输出轴的花键上,用一对锥齿轮传动,皮带轮的轴心线与拖拉机驱动轮轴心线平行,以便于工作中调整皮带张紧度。

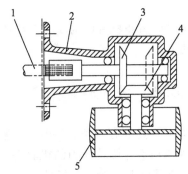

1:动力输出轴 2:壳体 3:主动锥齿轮
4:从动锥齿轮 5:皮带轮
图2.6.1 驱动皮带轮

2.6.2 牵引装置

拖拉机的牵引装置用来连接牵引式机具或拖车。牵引装置上连接机具的铰链点称为牵引点。由于牵引式机具种类很多,与拖拉机连接时,牵引点的位置各不相同。因此,牵引点的位置在水平和垂直方向都可调整。固定式牵引装置(图2.6.2)由托架、牵引板、牵引钩及插销组成。牵引板上有 5 个孔,用来调节牵引点的水平位置;托架和牵引板都有正装和反装两种安装位置,可以组合出 4 种牵引点垂直位置供选择。东风-12 手扶拖拉机的牵引装置是一个挂接框(图 2.6.3),挂接框用螺栓固定在变速箱体的后窗口,框上有 3 个插销孔,左、右两孔用来挂接犁的牵引架,中间的孔挂接拖车和其他牵引式机具。

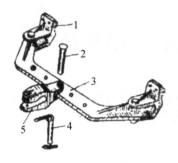

1:托架 2、4:插销 3:牵引板 5:牵引钩

图 2.6.2 固定式牵引装置

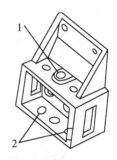

1:拖车挂接孔 2:犁挂接孔

图 2.6.3 手扶拖拉机的牵引框

2.6.3 悬挂装置

目前悬挂式机具已得到广泛应用,它具有结构简单、重量轻、机动性好、转弯半径小、能倒车、节省人力等优点。工作时还能将机具的一部分重量转移到拖拉机后轮上,增强后轮的附着力,提高拖拉机的牵引效率。

拖拉机的悬挂装置将机具悬挂在拖拉机上,形成一个整体,完成各项作业。悬挂装置有机械式和液压式两大类。手扶拖拉机采用机械式悬挂装置,四轮拖拉机一般采用液压式悬挂装置。

悬挂装置将机具以两点或三点悬挂在拖拉机上,可控制机具升起、降落或调节机具的工作深度。

2.6.4 液压输出

许多机具如翻转犁、可倾倒式拖车、液压挖掘铲和其他以液压马达为旋转动力的机具等都需要拖拉机有液压输出。为了满足挂接这些机具的需要,不少新型的拖拉机都具有液压输出装置,即有一对至数对液压油管输出接口安装在拖拉机上(图 2.6.4),以备所挂接机具之用。液压输出接口一般是快速接头或螺纹接头,在需要液压输出时,将机具上的液压油管直接与拖拉机上的液压输出快速接头相接即可。

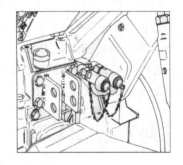

图 2.6.4 液压输出

2.7 园林拖拉机的使用与维护

2.7.1 园林拖拉机的使用

正确操作拖拉机,是达到作业安全、优质、高效、低耗的关键。这里主要介绍采用齿轮变速的拖拉机的使用操作。

一、拖拉机的磨合试运转

拖拉机和内燃机一样,对新的或大修后的拖拉机,使用前必须进行磨合试运转。目的是能更好地清洗、检查和磨合各机件,使摩擦表面逐步研磨平滑,并得到最合适的间隙,给拖拉机以后的正常工作打下良好的基础。

磨合试运转的过程大致可分为两个阶段,这就是从低速到高速的无负荷试运转和从轻负荷到全负荷的试运转。在试运转过程中应注意:

(1)观察、倾听发动机及底盘各系统的工作情况和响声。

(2)必须进行多次制动和转向试验,并检查各操纵手柄工作是否正常可靠。

(3)试运转后按规定进行技术保养。

对于不同型号的拖拉机,磨合试运转规范都有具体规定,必须严格遵照执行。

二、出车前的准备及发动机的起动

出车前检查拖拉机各部螺栓的紧固情况,检查燃油、润滑油、冷却水的情况,检查轮胎气压等,如有异常及时排除。

准备工作完毕后,按前述操作步骤和方法起动发动机。起动前,应把变速杆放在空挡位置,使液压悬挂系统和动力输出装置处于不工作位置。

三、拖拉机的运行

发动机起动后,经过一段时间的低速空转,待其润滑油和冷却水温度以及润滑油压力达到规定值后,拖拉机便可起步。

1. 起步

起步前,先查看拖拉机附近有无人和障碍物,并发出行车信号。检查制动器踏板,使其处于非制动状态;发动机处于低速状态下将离合器踏板迅速踩到底,使离合器彻底分离,把变速杆放在适当挡位。缓慢释放离合器,同时适当加大油门,拖拉机便可顺利起步。拖拉机起步后,应立即将脚从离合器踏板上移开,除特殊情况外,禁止用半分离离合器的办法来控制车速。操纵变速杆时应柔和平顺,不要猛击变速杆。若一次挂不上挡,可短暂结合离合器,然后再分离重新挂挡。

2. 换挡

田间作业过程中,换挡应在停车后进行。运输作业时,换挡在由低挡换高挡时,应加大油门,适当提高车速后,迅速踩下离合器踏板,并减小油门,将变速杆挂入空挡,稍作停顿,即将变速杆挂入高挡,最后松放离合器踏板,同时加大油门。由高挡换低挡时,先减小油门,迅速踩下离合器踏板,将变速杆推入空挡,随即松放离合器踏板,同时踩下油门踏板,加大油门(加大油门的程度应视拖拉机的速度而定,速度高时油门要加大些,反之则小)。此后再踩下离合器踏板,将变速杆推入低挡,最后松放离合器踏板,并踩下油门踏板。

3. 转向

手扶拖拉机只要握住某一边转向手把就可以达到向某一边转向的目的,转向后应立即放松转向手把。轮式拖拉机是操纵方向盘来实现转向的。履带式拖拉机的转向是操纵转向拉杆并通过转向离合器的作用来实现的。拖拉机转向时,要减小油门,降低车速。严禁高速急转弯,以免发生事故。手扶拖拉机和履带式拖拉机下陡坡时,其转向操作方法与在平地相反。

4. 制动

拖拉机需减速时可采用制动方法达到目的。踩下离合器踏板,同时放松油门踏板,减小油门,然后踩制动踏板,可使拖拉机减速。如发现紧急情况时可采用紧急制动方法,把握方向盘,迅速释放油门踏板,同时踩下离合器踏板和制动踏板,使拖拉机在尽量短的距离内停住。

5. 停车与熄火

拖拉机停车,要选择适当地点,既不影响交通,又保证安全。停车时,应减小油门,降低车速,踩下离合器踏板,将变速杆放入空挡位置,再结合离合器并配合使用"点刹"的方法,使车辆停放在预定位置。若需长时间停车,低速动转 3~5min 再关闭油门或点火开关,使发动机熄火,并锁定制动踏动。另外冬季停车熄火后应注意放尽冷却水以防冻裂事故。

行车中要经常注意拖拉机仪表盘上各仪表读数是否正常,仔细观察、倾听发动机和拖拉机各部的工作情况和声音,发现异常应停车检查并排除。严禁下陡坡时挂空挡滑行及中途换挡。要严格遵守机务规章,确保安全。

2.7.2 园林拖拉机的维护

拖拉机工作期间,由于运转、摩擦、震动和负荷的变化等,不可避免地会产生各部位连接件的松动,零件的磨损、腐蚀、疲劳、老化以及杂物堵塞等恶化现象,结果使机器功率下降,耗油量增加等,如继续工作,甚至会造成事故。为延长机器的使用寿命,定期地对拖拉机进行清洗、检查、润滑、调整以及更换磨损超限的零部件,称为技术保养。

技术保养的好坏,直接影响到机器的使用寿命。只有按规定认真地做好保养工作,才能延缓机件的磨损、减少故障、提高工效、降低成本,从而保证拖拉机优质、高效、低耗、安全地进行各项作业。技术保养一般分为班保养和定期保养两类。保养周期的确定目前有两种方法:一种以发动机或拖拉机作业的小时数为依据,每工作一定小时后就进行某号技术保养;另一种是按燃油消耗量并结合工作时数来确定保养周期,即当燃油消耗一定数量后,结合考虑实际工作的时数,进行某号技术保养。

技术保养的内容各种不同类型的拖拉机都有具体规定,具体内容可参见使用保养说明书,保养时须严格执行,不得随意变更。

案例分析

一、拖拉机起步时，离合器踏板完全抬起，起步仍然困难，或行驶中车速不能随发动机转速的提高而提高，感到行驶无力

这是离合器打滑时的故障现象。造成离合器打滑的原因有很多，主要是以下几个方面。

（1）分离轴承烧损或卡死，使离合器失去分离能力，经常处于半接合半分离状态，造成离合器打滑。

（2）从动盘、压盘等零件变形，使离合器片与压盘之间不能正常压紧或实际接触面积减小，引起离合器打滑。

（3）离合器片烧坏，表面产生焦层，摩擦系数减少，使离合器打滑。

（4）分离杠杆端面不在一个平面上，即三根分离杠杆的端面与分离轴承端面的距离不一致，偏差过大时，造成离合器片偏压偏磨，离合器片与压盘接触总面积减少，导致离合器打滑。

（5）离合器弹簧过软或折断，使离合器片与压盘不能在规定压力下接合，离合器经常处于半接合状态，工作中产生打滑，并加速离合器片磨损，加剧打滑。

（6）离合器片磨损。由于离合器片长时间磨损变薄，导致离合器片与压盘之间的正常压力减小，离合器易打滑，严重磨损时还会使铆钉露出，拉伤压盘工作表面，加重打滑程度。

（7）离合器片工作表面有油污，摩擦系数减少，使离合器打滑。

（8）踏板自由行程过小，引起分离杠杆与分离轴承之间的自由间隙消失，分离轴承贴压在分离杠杆面上，使离合器经常处于半接合半分离状态，工作时打滑，不能传递规定扭矩。

该故障诊断和排除时，首先应检查离合器踏板与驾驶室底板是否有碰撞、卡滞或回位弹簧弹力不足现象，以及踏板自由行程调整不当的现象。然后检查调整三个离合器分离杠杆，使之符合要求，在同一平面上，并与分离轴承端面有一定的间隙。如上述正常，则故障在离合器压盘、离合器片或离合器盖端面有油污（用汽油或煤油清洗），或离合器片已变薄、变形，或压紧弹簧失效、损坏，此时需更换零件修复。

二、离合器分离不彻底

离合器踏板踩到底，从动盘没有完全与主动盘分离，离合器处于半接合状态；另外，发动机怠速运转时，离合器踏板虽已踩到底，但挂挡困难，变速时变速器齿轮发出撞击声。如果勉强挂上挡后，则在离合器踏板尚未完全放松时，拖拉机就已开始行驶或发动机熄火。这是离合器分离不彻底的故障现象，造成离合器分离不彻底的原因有很多，主要是以下几个方面。

（1）离合器内有杂物。如稻草、泥土等杂物进入离合器的压紧弹簧中，会造成分离困难或不能彻底分离。

（2）从动盘摩擦片的毂部花键套与变速器输入轴的前端花键配合过紧或锈蚀卡住、损伤或变形时，使摩擦片不能沿轴向正常滑动，造成分离不彻底。

（3）分离杠杆端面严重磨损，使分离杠杆高度不够，导致离合器间隙过大。

(4) 从动盘摩擦片破裂或钢片变形造成摩擦片翘曲,导致分离不彻底。
(5) 分离杠杆变形,造成离合器分离不彻底。
(6) 离合器间隙调整不对或各分离杠杆的离合器间隙不一致。
(7) 压紧弹簧部分折断或弹力不均。
(8) 从动盘方向装反。

该故障检修时,首先应检查踏板自由行程。若正常,应拆下离合器罩盖,踩下踏板,检查从动盘是否后退,如从动盘后退而摩擦片不动,则说明有异物卡住或花键锈蚀,应拆下检修。然后检查分离杠杆高度是否一致,调整螺钉是否松动,摩擦片是否过厚、翘曲、开裂,发现故障,应及时排除。

三、液力制动器制动失效

拖拉机在行驶中,踏下制动踏板时,感觉制动器不起作用,当连续踏下制动踏板时,各车轮仍无制动感觉,车辆继续行驶,不能减速或停车。

此故障主要原因有制动总泵内缺油、总泵皮圈损坏或老化、制动油管破裂或接头处漏油、机械连接部分脱落等几项。当连续踏下制动踏板不能踏到底时,应检查总泵是否缺油。若不缺油,再检查前后制动油管有无漏油痕迹及检查各传动杆件有无脱落。若以上情况良好,则应检查总泵皮圈有无损坏。

四、液压悬挂系统不能提升机具

发生该故障的主要原因及排除方法如下:
(1) 液压油泵动力未接通,应检查和接通动力。
(2) 齿轮油泵磨损,应修理或更换齿轮油泵零件。
(3) 液压油箱严重缺油,应及时加足。
(4) 悬挂装置负荷太重或悬挂杆件卡死,应减轻悬挂装置负荷,检查修理悬挂杆件,排除卡死故障。
(5) 分配器回油阀升起后卡死或被杂质垫起,可用小木锤敲击分配器回油阀处数下,使其回落,或拆下回油阀清洗。
(6) 安全阀弹簧压力调整过低或密封不严,要调整安全阀弹簧压力,或互研安全阀及阀座。
(7) 油缸及活塞严重磨损,应更换磨损的零部件。
(8) 分配器滑阀及阀座严重磨损,应修理或更换滑阀及阀座。

本章小结

拖拉机是可以自行移动的动力机械,可向外输出动力。拖拉机与作业机具配合,可完成多项作业。拖拉机由发动机、底盘和电器设备三部分组成。本章主要介绍了园林拖拉机的分类及其工作特点,着重介绍了拖拉机底盘的构造和工作过程,以及拖拉机的正确使用方法。

复习思考

1. 园林拖拉机的种类有哪些？
2. 拖拉机的底盘由哪些部分组成？各组成部分的功用是什么？
3. 怎样正确操纵离合器？
4. 手扶拖拉机的转向是如何实现的？
5. 蹄式制动器的制动过程是怎样的？
6. 简述拖拉机的驾驶要领。

第3章 电动机

本章导读

了解三相异步电动机和单相异步电动机的构造与工作原理;掌握三相异步电动机的型号与接线方法;掌握异步电动机的正确使用与维护方法;掌握电动机安全用电常识。

电动机具有结构简单、使用维护方便、坚固耐用、振动噪音小等优点,是现代化生产中应用广泛的动力机械。按其使用的电流种类可分为直流电动机和交流电动机两类。若使用交流电源方便时可以选用交流电动机为动力,作业地点无交流电源可取时,可以用充电电池作为电源,采用直流电动机为动力。充电电池一般用蓄电池,也可用干电池。目前,随着对太阳能蓄电池研究的不断深入,以太阳能电池为电源的园林机具也逐渐增多。

3.1 交流电动机

交流电动机根据相数的多少可分为单相和三相等几种。

3.1.1 三相交流电动机

根据旋转磁场和转子转速的情况,三相交流电动机可分为同步电动机和异步电动机。异步电动机又称为感应电动机,根据转子的结构不同,异步电动机分为鼠笼式电动机和绕线式电动机。

三相异步电动机(图3.1.1)具有结构简单、运行可靠、维护方便、效率高、价格低等优点,是生产中应用最多的电动机。目前,大部分生产机械都用它来拖动,只有在需要平滑调速的生产机械上才使用直流电动机。三相异步电动机的缺点是起动电流大、起动转矩小、功率因素低、调速性能不如直流电动机好等。

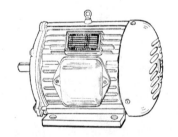

图3.1.1 三相异步电动机外形

一、三相异步电动机的构造

三相异步电动机外形如图 3.1.1 所示。三相异步电动机主要由静止(定子)和旋转(转子)两大部分组成。图 3.1.2 所示为三相鼠笼式异步电动机的结构图。

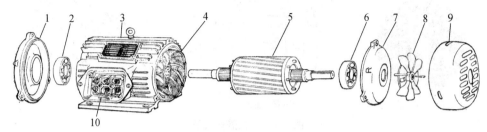

1：端盖 2：轴承 3：机座 4：定子 5：转子 6：轴承 7：端盖 8：风扇 9：风罩 10：接线盒

图 3.1.2　三相鼠笼式异步电动机的结构图

(一)定子部分

定子是电动机的固定部分,作用是给定子绕组通入三相交流电后,能在定子中产生旋转磁场。定子由机座、定子铁芯和定子绕组组成。

机座是电动机的主要支架,一般由铸铁铸成,作用是固定和保护定子铁芯与定子绕组,支承端盖。为便于电动机在运行过程中散热,封闭式电动机机座外表面铸有许多散热片。

定子铁芯是电动机磁路的一部分,主要起导磁作用,由 0.35～0.5mm 厚的硅钢片(图 3.1.3)叠压而成。硅钢片表面涂有绝缘漆或有氧化膜,使片与片之间绝缘,以减少铁芯涡流损耗。定子铁芯的内圆周表面上冲有许多均匀分布着的线槽,供嵌入定子绕组用,整个铁芯压装在电动机机座内,如图 3.1.4 所示。

　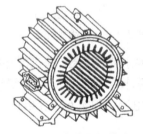　

图 3.1.3　定子的硅钢片　　图 3.1.4　未装绕组的定子　　图 3.1.5　装有三相绕组的定子

定子绕组是定子中的电路部分,由高强度漆包线绕制而成。许多线圈分成三相(即三组),对称均匀地嵌放在定子铁芯线槽内,如图 3.1.5 所示。定子的每相绕组都引出两个线端(始端和末端),三相绕组引出六个接线端。国产电动机上一般用 U1、V1、W1 表示三相绕组的三个始端,U2、V2、W2 表示三相绕组的三个末端。U1 和 U2 是一相绕组,V1 和 V2 是一相绕组,W1 和 W2 又是一相绕组,按一定顺序装接在机座外部的接线盒中,使用时在其中通入三相交流电,就能产生旋转磁场。

(二)转子部分

转子是电动机的转动部分,作用是在由定子产生的旋转磁场的作用下,产生转矩并旋转做功。转子由转子铁芯、转子绕组和转子轴等组成。

转子铁芯也是电动机磁路的一部分,呈圆柱形,是用与定子铁芯相同的硅钢片[图

3.1.6(a)、3.1.7(a)]叠压而成的。在转子铁芯的外圆冲有均匀分布的用来嵌放转子绕组的线槽孔。转子铁芯通过内孔压装在转子轴上。

 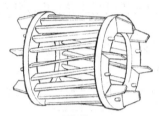 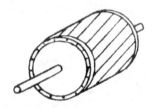

(a) 转子的硅钢片　　　　(b) 鼠标绕组　　　　(c) 鼠笼转子

图3.1.6　鼠笼式转子

转子绕组有鼠笼式和绕线式两种。鼠笼式转子绕组是用铝浇铸成的。在转子铁芯线槽内浇有一根根铝条(或称笼条)，并在两端铸有短路环，分别把槽里的笼条连接成一个整体。由于其外形像鼠笼，所以称为鼠笼式转子，如图3.1.6(b)、(c)所示。为了有利于散热，有的鼠笼式转子短路环上还铸有一些小叶片，叫做内风扇。绕线式转子绕组是在线槽内嵌有绝缘导线，绕制成三相绕组(一般为Y连接)，如图3.1.7(b)所示。

 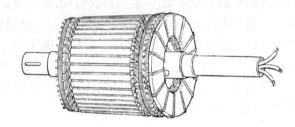

(a) 转子的硅钢片　　　　　　　(b) 绕线转子

图3.1.7　绕线式转子

如图3.1.8所示，三根出线头3从孔道中引出，通过滑环接头2接到固定在轴上的三个滑环1上，三个滑环彼此相互绝缘并和转子轴绝缘。转子绕组通过滑环和同滑环接触的三组电刷4与外加起动变阻器相连接，电刷由弹簧6压在电刷架的电刷座5中，电刷架固定在电机一端的端盖上。

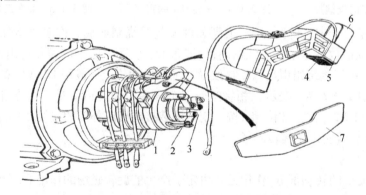

1：滑环　2：滑环接头　3：出线头　4：电刷　5：电刷座　6：弹簧　7：盖板

图3.1.8　绕线式转子轴上的滑环和电刷

转子轴用来支承转子铁芯。转子轴两端安装在前后端盖的轴承中,端盖用螺栓紧固在电动机机座上。转子轴伸出端盖的一端安装皮带轮或齿轮,通过它向外输出机械转矩。

二、三相异步电动机的工作原理

三相异步电动机的定子绕组是一个空间位置对称的三相绕组,如果在定子绕组中通入三相对称的交流电流,就会在电动机内部建立起一个恒速旋转的磁场,称为旋转磁场,它是异步电动机工作的基本条件。因此,有必要先说明旋转磁场是如何产生的,有什么特性,然后再讨论异步电动机的工作原理。

（一）旋转磁场的产生

1. 二极旋转磁场

图 3.1.9 为最简单的三相异步电动机定子绕组示意图,每相绕组只有一个线圈,三个相同的线圈 U1—U2、V1—V2、W1—W2 在空间的位置彼此互差 120°,分别放在定子铁芯槽中。把三相绕组接成星形,并接通三相对称电源后,在定子绕组中便产生三个对称电流,即

$$i_U = I_m \sin\omega t$$
$$i_V = I_m \sin(\omega t - 120°)$$
$$i_W = I_m \sin(\omega t + 120°)$$

其波形如图 3.1.10 所示。

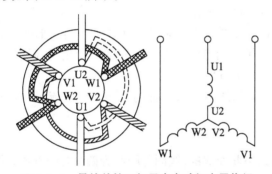

图 3.1.9　最简单的三相异步电动机定子绕组　　图 3.1.10　三相电流的波形

电流通过每个线圈要产生磁场,而现在通入定子绕组的三相交流电流的大小及方向均随时间而变化,那么三个线圈所产生的合成磁场是怎样的呢?这可由每个线圈在同一时刻各自产生的磁场进行叠加而得到。

假定电流由线圈的始端流入、末端流出为正,反之为负。电流流进端用"⊗"表示,流出端用"⊙"表示。下面就分别取 $t=0$、$t=T/6$、$t=T/3$、$t=T/2$ 四个时刻所产生的合成磁场作定性的分析(其中 T 为三相电流变化的周期)。

当 $t=0$ 时,由三相电流的波形可见,电流瞬时值 $i_U=0$,i_V 为负值,i_W 为正值。这表示 U 相无电流,V 相电流是从线圈的末端 V2 流向始端 V1,W 相电流是从线圈的始端 W1 流向末端 W2,这一时刻由三个线圈电流所产生的合成磁场如图 3.1.11(a)所示。它在空间形成二极磁场,上为 S 极,下为 N 极(对定子而言)。设此时 N、S 极的轴线(即合成磁场的轴线)为零度。

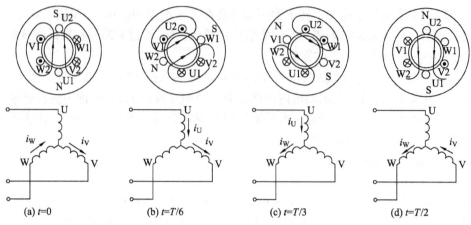

图 3.1.11 两极旋转磁场

当 $t=T/6$ 时,U 相电流为正,由 U1 端流向 U2 端;V 相电流为负,由 V2 端流向 V1 端,W 相电流为零。其合成磁场如图 3.1.11(b)所示,也是一个两极磁场,但 N、S 极的轴线在空间顺时针方向转了 60°。

当 $t=T/3$ 时,i_U 为正,由 U1 端流向 U2 端;$i_V=0$;i_W 为负,由 W2 端流向 W1 端,其合成磁场比上一时刻又向前转了 60°,如图 3.1.11(c)所示。

用同样的方法可得出当 $t=T/2$ 时,合成磁场比上一时刻又转过了 60°空间角。由此可见,图 3.1.11 产生的是一对磁极的旋转磁场。当电流经过一个周期的变化时,磁场也沿着顺时针方向旋转一周,即在空间旋转的角度为 360°。

上面的分析充分说明,当空间互差 120°的线圈通入对称的三相交流电流时,在空间就产生一个旋转磁场。

2. 四极旋转磁场

如果定子绕组的每相都是由两个线圈串联而成的,线圈跨距约为四分之一圆周,其布置如图 3.1.12 所示。图中 U 相绕组由 U1—U2 与 U1′—U2′串联,V 相绕组由 V1—V2 与 V1′—V2′串联,W 相绕组由 W1—W2 与 W1′—W2′串联。按照类似于分析两极旋转磁场的方法,取 $t=0$、$T/6$、$T/3$、$T/2$ 四个点进行分析,其结果如图 3.1.13 所示。

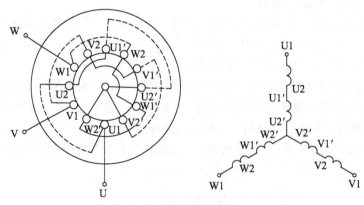

图 3.1.12 四极定子绕组

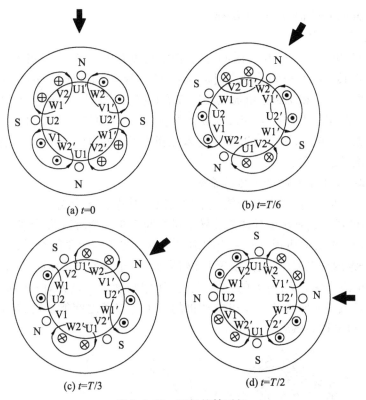

图 3.1.13 四极旋转磁场

当 $t=0$ 时,$i_U=0$,i_V 为负,i_V 为正,即 i_V 由 V2′端流入,V1′端流出,再从 V2 端流入,V1 端流出。此时三相电流在空间形成的合成磁场是两对磁极的磁场,如图 3.1.13(a)所示。

同理,可以画出 $t=T/6$、$T/3$、$T/2$ 时刻的合成磁场,分别如图 3.1.13(b)、(c)、(d)所示。

比较图 3.1.13 中的四个时刻,可以看出,当每相绕组在空间相差 60°时,通入对称三相交流电流后,也产生一个旋转磁场,但它是一个四极旋转磁场。与两极旋转磁场相比较,当 $t=T/6$ 时,四极旋转磁场只转过 30°空间角;当 $t=T/2$ 时,只转过 90°空间角,即交流电流变化一周时,旋转磁场在空间只转过了 180°空间角,速度是两极旋转磁场的 1/2。

由上述分析可见,旋转磁场的转速大小与磁极对数有关,磁极对数越多,旋转磁场的转速就越慢,与其成反比关系。另外,旋转磁场的转速与电流变化的频率(即电源频率)有关,频率越高,电流变化所需的时间越短,旋转磁场的转速就越快,与频率成正比关系。若用 p 表示磁极对数,f 表示电源频率,以每分钟为单位来计算旋转磁场的转速 n_1,则可得出下面的关系式

$$n_1 = \frac{60f}{p}(\text{r/min})$$

旋转磁场的转速 n_1 又叫做同步转速。

国产的异步电动机的电源频率通常为 50Hz。对于已知磁极对数的异步电动机可由上述关系式得出对应的旋转磁场的转速,当电动机的磁极对数 $p=1$ 时,$n_1=3000\text{r/min}$;$p=2$

时，$n_1 = 1500 \text{r/min}$；$p=3$ 时，$n_1 = 1000 \text{r/min}$；⋯。

3. 旋转磁场的转向

由图 3.1.11 和图 3.1.13 中各瞬间磁场变化，可以看出，当通入三相绕组中电流的相序为 $i_U \rightarrow i_V \rightarrow i_W$，旋转磁场在空间是沿绕组始端 $U \rightarrow V \rightarrow W$ 方向旋转的，在图中即按顺时针方向旋转。如果把通入三相绕组中电流的相序任意调换其中两相，如调换 V、W 两相，此时通入三相绕组电流的相序为 $i_U \rightarrow i_W \rightarrow i_V$，则旋转磁场按逆时针方向旋转。由此可见，旋转磁场的转向是由三相电流的相序决定的，即把通入三相绕组中的电流相序任意调换其中的两相，就可改变旋转磁场的方向。

（二）三相异步电动机的转子转动原理

由上面的分析可知，如果在定子绕组中通入三相对称电流，则定子内部产生某个方向转速为 n_1 的旋转磁场。这时转子导体与旋转磁场之间存在着相对运动，切割磁力线而产生感应电动势。电动势的方向可根据右手定则确定。由于转子绕组是闭合的，于是在感应电动势的作用下，绕组内有电流流过，如图 3.1.14 所示。转子电流与旋转磁场相互作用，便在转子绕组中产生电磁作用力 F，力 F 的方向可由左手定则确定。该力对转轴形成了电磁转矩 T，使转子按旋转磁场方向转动。异步电动机的定子与转子之间能量的传递靠电磁感应作用，故异步电动机又称为感应电动机。

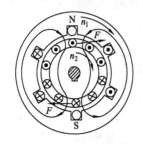
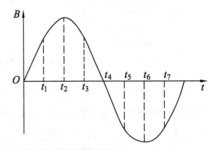

图 3.1.14　异步电动机转子转动原理

转子的转速 n_2 是否会与旋转磁场的转速 n_1 相同呢？回答是不可能的。因为一旦转子的转速与旋转磁场的转速相同，两者便无相对运动，转子也就不能产生感应电动势和感应电流，也就没有电磁转矩了。只有当两者转速有差异时，才能产生电磁转矩，驱使转子转动。可见，转子的转速 n_2 总是略小于旋转磁场的转速 n_1。正是由于这个关系，这种电动机被称为异步电动机。

异步电动机的转速与旋转磁场的转速和磁极对数的关系如表 3.1.1 所示。

表 3.1.1　异步电动机的转速与旋转磁场的转速和磁极对数的关系

磁极对数 p	1	2	3	4
旋转磁场的转速 $n_1/(\text{r} \cdot \text{min}^{-1})$	3000	1500	1000	750
电动机转子转速 $n_2/(\text{r} \cdot \text{min}^{-1})$	2930 左右	1450 左右	960 左右	730 左右

三、三相异步电动机的接线

三相异步电动机的机座外部的接线盒中有一接线板，该板上有六个定子绕组引出的线端。国产电动机上一般用 U1、V1、W1 表示三相绕组的三个始端，U2、V2、W2 表示三相绕组的三个末端。U1 和 U2 是一相绕组，V1 和 V2 是一相绕组，W1 和 W2 又是一相绕组，如图 3.1.9 所示。

根据电源电压和电动机的额定电压，以及铭牌上标注的接线方法，通常电动机定子绕组的接线有星形和三角形两种接法。

星形接法用符号"Y"表示，如图 3.1.15 所示，是把三个定子绕组的末端 U2、V2、W2 接在一起，三个始端 U1、V1、W1 分别接到三相电源上。U2、V2、W2 接在一起的那个点叫做中点或零点，有时也叫星点。

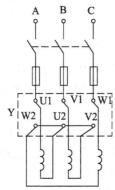 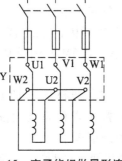

图 3.1.15　定子绕组做星形连接　　图 3.1.16　定子绕组做三角形连接

三角形接法用符号"△"表示，如图 3.1.16 所示，是依此把每一相的末端与下一相的始端连接，即 U1 与 W2、V1 与 U2、W1 与 V2 连接，使三相绕组接成一个封闭的三角形，然后三个连接点与三相电源相接。

这两种接法都很常用，采用何种接法须视电力网的线电压和各相绕组允许的工作电压而定。例如，电力网的线电压是 380V，电动机定子各相绕组允许的工作电压是 220V，则定子绕组必须做星形连接；若电动机定子各相绕组允许的工作电压是 380V，则应做三角形连接。一定要按照铭牌上规定的接线方法来接线，千万不能接错，否则电动机就不能正常工作，甚至会烧坏电动机。

四、三相异步电动机的型号

电动机产品的型号一般由汉语拼音的大写字母和阿拉伯数字组成，可以表示电动机的种类、规格和用途等。型号表示如下：

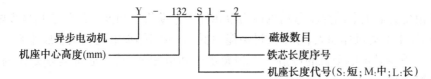

异步电动机的产品名称代号意义如下：Y——异步电动机；YR——绕线式异步电动机；YB——防爆型异步电动机；YZ——起重冶金用异步电动机；YZR——起重冶金用绕线式异步电动机；YQ——高起动转矩异步电动机。

机座中心高度越大，电动机容量越大；在同样的中心高度下，机座越长即铁芯越长，则容量越大。

五、三相异步电动机的使用与维护

电动机在长期的工作中,必须正确地使用,并定期进行保养和维护,及时消除故障隐患,保证其正常运行和操作人员的安全。具体要求是:

(1) 正确选用电动机。电源电压和频率必须与电动机铭牌上的规定相符,电动机不应在线电压高于额定值10%或低于额定值5%的情况下长期运行。电动机的功率必须适合所要拖动的机械。小马拉大车会使电动机过载,甚至烧毁;大马拉小车将使电动机的功率因素和效率降低,运行不经济。

(2) 在使用电动机前应检查电路的接线是否良好、接法是否正确、接地是否可靠及转子转动是否灵活等。

(3) 电动机运行中,随时注意电动机的温度、声音、气味和电流变化情况,如发现温度过高、有异常声响、有焦糊味或电流过大时,应立即停机,检查原因,排除故障。

(4) 定期对电动机进行绝缘检查,绝缘电阻值不小于 $0.5M\Omega$,因受潮造成绝缘电阻值过小的电动机,应进行烘干处理。

(5) 定期检查电动机轴承室内的润滑油(脂)情况,缺了要补充,一般半年更换一次。

(6) 检查电动机接线盒中的接线端子、起动设备的接线端子、起动设备的触头及各处导线的接头等,如发现有烧坏、碰伤或腐蚀等情况,要更换或修理。

(7) 每隔一年左右拆开电动机,清除内部的灰尘和油污;测量定子绕组的绝缘电阻;检查转子有无短路、铁片松弛以及其他缺陷;绕线式转子绕组焊接点有无脱焊及绑线是否松脱;滑环表面是否光滑清洁,有无烧灼痕迹;碳刷表面是否整洁,是否与滑环表面良好吻合;弹簧压力是否正常。检查后发现的种种故障和缺陷应一一修复,发现问题应及时解决。

(8) 暂时不用或有些长期不用的电动机要加以妥善保管。要将其放在干燥清洁的场所,不要直接放在泥土地上。要防止电动机受雨淋和日晒。电动机各处的螺丝、轴上的键、风罩、风扇等零件,最好装到电动机上或者固定在电动机的某些部位上,如可以用胶布把键固定在轴上的键槽内,不要乱堆乱放,以免丢失。在电动机轴上可涂一些润滑脂,防止生锈。机座或端盖掉漆的地方,若能刷一些漆则更好。

3.1.2 单相异步电动机

用单相交流电供电的异步电动机称为单相异步电动机。与同容量的三相异步电动机相比较,单相异步电动机体积大、效率及过载能力低,故单相异步电动机只制成小容量,一般在1kW以下。单相异步电动机的构造与三相异步电动机相似,转子通常是鼠笼式的,但定子绕组为单相绕组。

单相异步电动机定子绕组接上交流电源之后,将会产生一个随时间交变的脉动磁场。根据右手螺旋定则,可以画出该磁场的分布,如图3.1.17(a)所示。该磁场的轴线即为定子绕组的轴线,在空间保持固定位置。每一瞬时空气隙中各点的磁感应强度按正弦规律分布,同时随电流在时间上作正弦交变,如图3.1.17(b)所示。可见,单相异步电动机中的磁场与三相异步电动机是不同的。但是一个脉动磁场可以分解成两个大小相等、旋转速度相同

($n_1 = 60f/p$)而转向相反的旋转磁场,每个旋转磁场的磁通为幅值的一半,即

$$\Phi_{1m} = \Phi_{2m} = \frac{1}{2}\Phi_m$$

假设 Φ_{1m} 与电动机旋转方向一致,称为正向旋转磁场;Φ_{2m} 与电动机旋转方向相反,称为逆向旋转磁场,其原理如图 3.1.18 所示。图中表明了在不同瞬时两个转向相反的旋转磁场的幅值在空间的位置,以及由它们合成的脉动磁场 Φ 随时间而交变的情况。

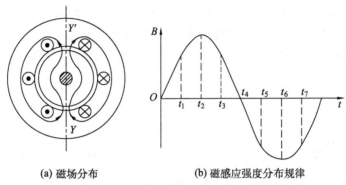

(a) 磁场分布　　　　　　(b) 磁感应强度分布规律

图 3.1.17　单相异步电动机中的脉动磁场

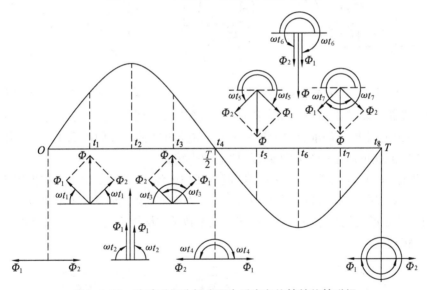

图 3.1.18　脉动磁场分解为两个反方向旋转的旋转磁场

当 $t=0$ 时,两个旋转磁场的矢量 Φ_1 和 Φ_2 大小相等,方向相反,故其合成磁场 $\Phi=0$,到 $t=t_1$ 时,Φ_1 和 Φ_2 按相反的方向各在空间转过 ωt_1,故其合成磁场

$$\Phi = \Phi_{1m}\sin\omega t_1 + \Phi_{2m}\sin\omega t_2 = 2 \times \frac{1}{2}\Phi_m \sin\omega t_1 = \Phi_m \sin\omega t_1$$

由此可见,在任何时刻 t,合成磁场为

$$\Phi = \Phi_m \sin\omega t$$

这样在单相异步电动机的空气隙中,存在着两个大小相等、方向相反的旋转磁场。当转子静止时,这两个方向相反的旋转磁场对转子作用所产生的电磁转矩,同样也是大小相等、

方向相反，互相抵消，即合成转矩为零，因而转子不能自行起动。但如果用某种方法使转子朝某一方向转动一下（如使其沿顺时针方向旋转即正向旋转），于是正向旋转磁场对转子作用所产生的电磁转矩 T_1 将大于逆向旋转磁场所产生的电磁转矩 T_2，此时合成转矩大于零，当作用于电动机轴上的负载阻转矩小于电动机的合成电磁转矩时，转子便能沿着正向不停地旋转。

为使单相异步电动机产生起动转矩，能够自行起动，必须设法产生一个旋转磁场，通常的办法是在单相异步电动机的定子上绕制两个在空间相差 90°的绕组。一个是主绕组 U1—U2（又称工作绕组），匝数多；另一个是辅助绕组 Z1—Z2（又称起动绕组），匝数少，与一个大小适当的电容器 C 串联。图 3.1.19 是一台最简单的电容分相电动机的原理图。

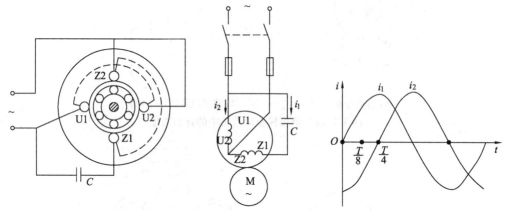

图 3.1.19　电容分相电动机原理图　　图 3.1.20　两绕组支路的电流波形

两绕组支路并联接于同一单相交流电源上，各支路分别流过一交流电流，但电流 i_2 较电压滞后，电流 i_1 比电压超前，两电流约有 $\pi/2$ 电角的相位差，如图 3.1.20 所示。此时电动机的定子电流就可产生一个旋转磁场，使电动机转动。

当 $t=0$ 时，$i_1=0$，i_2 为负，即电流由 U2 流进，由 U1 流出，此时的磁场方向如图 3.1.21(a)所示。图 3.1.21(b)和(c)分别表示 $t=T/8$ 和 $t=T/4$ 时的磁场情况。由图可见，当电流不断随时间变化，其磁场也就在空间不断地旋转。笼条转子在旋转磁场的作用下，就跟着旋转磁场在同一方向转动起来。

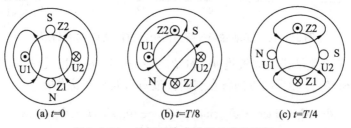

图 3.1.21　单相异步电动机的旋转磁场

单相异步电动机在起动之前，必须使辅助绕组支路接通，否则电动机不能起动。但在起动后，即使辅助绕组支路断开，电动机仍可继续转动。也就是说，电动机在起动后，辅助绕组支路可合也可断。因此电容分相电动机有两种类型。一种是在辅助绕组支路中，串接一个离心式开关 S(也称甩子开关),它与电动机装在同一轴上。起动时,转子转速较低,离心开关受弹簧压力的作用是闭合的,即辅助绕组支路是接通的。当电动机转速升高到接近同步转速的 75%~80%时,离心开关所受的离心力大于弹簧的压力,开关的触头分断,切断辅助绕组支路,电动机靠主绕组的作用正常运行。这种电动机称为电容起动式单相异步电动机。另一种电容分相电动机则没有装置离心开关,辅助绕组支路在起动时和起动后都是接通的。这种电动机称为电容运转式单相异步电动机。

3.2 直流电动机

直流电动机的最大优点是能平滑而又经济地调节转速。直流电动机和直流发电机从结构上看没有差别,可统称为直流电机。同一直流电机既可作为发电机运行,输入机械能而输出电能;也可作为电动机运行,输入电能而输出机械能。

3.2.1 直流电动机的构造

图 3.2.1 所示为一台常用的小型直流电机的纵剖面示意图,图 3.2.2 所示为两极直流电机的横剖面示意图。直流电机也是由定子和转子两部分组成的。

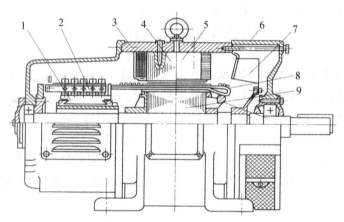

1:换向器 2:电刷装置 3:机座 4:主磁极 5:换向极
6:端盖 7:风扇 8:电枢绕组 9:电枢铁芯
图 3.2.1 小型直流电机的纵剖面示意图

一、定子部分

定子部分由机座、主磁极、换向磁极以及电刷装置组成。

机座除起支承作用外,还起导磁作用,是主磁路的一部分,叫定子磁轭。一般用导磁性较好的铸钢或厚钢板制成。主磁极、换向磁极以及端盖都固定在机座上。主磁极又称主极,由极芯和励磁绕组组成。极芯用 1~1.5mm 厚的低碳钢板叠铆在一起制成。励磁绕组套在

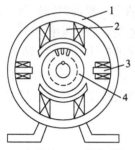

1：机座　2：主磁极　3：换向磁极　4：电枢

图 3.2.2　两极直流电机的横剖面示意图

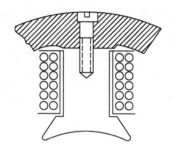

图 3.2.3　具有励磁绕组的主磁极

极芯上,当励磁绕组中通过直流电流时,主磁极便产生一恒定磁场。只有小型直流电机的主磁极才用永久磁铁。主磁极用螺栓或铆钉固定在机座内表面上,如图 3.2.3 所示。

机座内相邻两极之间装有换向磁极(图 3.2.2),换向磁极的绕组和电枢绕组串联,其导线截面较大,匝数少。用来改善电枢绕组的电流换向条件,减少电刷和换向器之间的火花。

电刷装置的作用是把电枢绕组和外电路接通,如图 3.2.4 所示。电刷装在电刷盒里,用弹簧压紧在换向器上,使其与换向器永远保持接触。电刷上有个铜辫,可以引入或引出电流。电刷可用铜和石墨粉压制而成,以减少电阻、提高硬度和耐磨性。若干个电刷盒装在同一个绝缘的电刷杆上,电刷杆与电机主极数相等。电刷杆固定在电机端盖上。

电机的端盖由铸铁制成,用螺钉固定在机座的两端。轴承就装在端盖内,端盖和轴承用来支持转动的电枢。

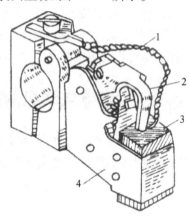

1：铜辫　2：压紧弹簧
3：电刷　4：电刷盒

图 3.2.4　电刷装置

二、转子部分

转子部分由电枢铁芯、电枢绕组、换向器、转轴等组成。

电枢铁芯是直流电机主磁路的一部分,通常用 0.5mm 厚的硅钢片(图 3.2.5)涂上漆叠装起来安装在转轴上,硅钢片相互绝缘,以减小涡流损耗,硅钢片的外圆周上有若干均匀分布的槽,用来安装电枢绕组。

图 3.2.5　电枢铁芯中的硅钢片

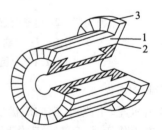

1：换向片　2：云母　3：云母片

图 3.2.6　换向器

离心式开关 S(也称甩子开关),它与电动机装在同一轴上。起动时,转子转速较低,离心开关受弹簧压力的作用是闭合的,即辅助绕组支路是接通的。当电动机转速升高到接近同步转速的 75%～80% 时,离心开关所受的离心力大于弹簧的压力,开关的触头分断,切断辅助绕组支路,电动机靠主绕组的作用正常运行。这种电动机称为电容起动式单相异步电动机。另一种电容分相电动机则没有装置离心开关,辅助绕组支路在起动时和起动后都是接通的。这种电动机称为电容运转式单相异步电动机。

3.2 直流电动机

直流电动机的最大优点是能平滑而又经济地调节转速。直流电动机和直流发电机从结构上看没有差别,可统称为直流电机。同一直流电机既可作为发电机运行,输入机械能而输出电能;也可作为电动机运行,输入电能而输出机械能。

3.2.1 直流电动机的构造

图 3.2.1 所示为一台常用的小型直流电机的纵剖面示意图,图 3.2.2 所示为两极直流电机的横剖面示意图。直流电机也是由定子和转子两部分组成的。

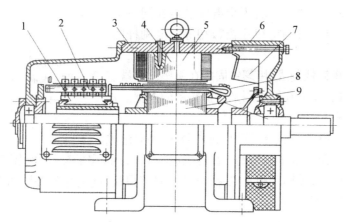

1:换向器 2:电刷装置 3:机座 4:主磁极 5:换向极
6:端盖 7:风扇 8:电枢绕组 9:电枢铁芯
图 3.2.1 小型直流电机的纵剖面示意图

一、定子部分

定子部分由机座、主磁极、换向磁极以及电刷装置组成。

机座除起支承作用外,还起导磁作用,是主磁路的一部分,叫定子磁轭。一般用导磁性较好的铸钢或厚钢板制成。主磁极、换向磁极以及端盖都固定在机座上。主磁极又称主极,由极芯和励磁绕组组成。极芯用 1～1.5mm 厚的低碳钢板叠铆在一起制成。励磁绕组套在

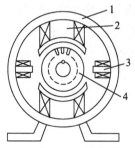

1：机座 2：主磁极 3：换向磁极 4：电枢

图 3.2.2 两极直流电机的横剖面示意图

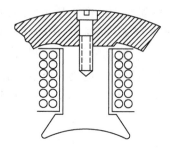

图 3.2.3 具有励磁绕组的主磁极

极芯上,当励磁绕组中通过直流电流时,主磁极便产生一恒定磁场。只有小型直流电机的主磁极才用永久磁铁。主磁极用螺栓或铆钉固定在机座内表面上,如图 3.2.3 所示。

机座内相邻两极之间装有换向磁极(图 3.2.2),换向磁极的绕组和电枢绕组串联,其导线截面较大,匝数少。用来改善电枢绕组的电流换向条件,减少电刷和换向器之间的火花。

电刷装置的作用是把电枢绕组和外电路接通,如图 3.2.4 所示。电刷装在电刷盒里,用弹簧压紧在换向器上,使其与换向器永远保持接触。电刷上有个铜辫,可以引入或引出电流。电刷可用铜和石墨粉压制而成,以减少电阻、提高硬度和耐磨性。若干个电刷盒装在同一个绝缘的电刷杆上,电刷杆与电机主极数相等。电刷杆固定在电机端盖上。

电机的端盖由铸铁制成,用螺钉固定在机座的两端。轴承就装在端盖内,端盖和轴承用来支持转动的电枢。

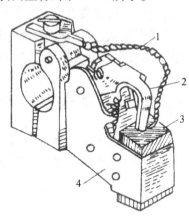

1：铜辫 2：压紧弹簧
3：电刷 4：电刷盒

图 3.2.4 电刷装置

二、转子部分

转子部分由电枢铁芯、电枢绕组、换向器、转轴等组成。

电枢铁芯是直流电机主磁路的一部分,通常用 0.5mm 厚的硅钢片(图 3.2.5)涂上漆叠装起来安装在转轴上,硅钢片相互绝缘,以减小涡流损耗,硅钢片的外圆周上有若干均匀分布的槽,用来安装电枢绕组。

图 3.2.5 电枢铁芯中的硅钢片

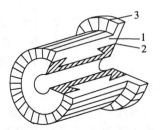

1：换向片 2：云母 3：云母片

图 3.2.6 换向器

用包有绝缘的导线制成一个个电枢线圈,每个电枢线圈有两个出线端。电枢线圈嵌入电枢铁芯的槽中,每个线圈的两个出线端都与换向器的换向片相连,连接时都有一定的规律,构成电枢绕组。

转轴的前端装有换向器(图3.2.6)。换向器由许多铜制换向片组成,每相邻的两个换向片中间用云母绝缘隔开。换向片数与线圈元件数相同。

3.2.2 直流电动机的工作原理

当接通直流电源后,直流电通过电机的电刷通入电枢线圈,载流电枢导线在磁场中会受到电磁力的作用,这个电磁力使电枢产生一电磁转矩,使电枢转动。尽管转动过程中不断改变各电枢线圈在磁场中的位置,但由于换向器的作用,使电枢转矩方向保持不变,保证电枢始终朝一个方向旋转。

3.3 安 全 用 电

电能的应用日益广泛,如果使用不当,会造成触电事故或发生火灾。因此,必须十分重视安全用电工作。工作人员应具有一定的安全用电知识,按照安全用电的有关规定从事工作,以避免人身和设备事故。

3.3.1 触电

人体因触及带电体而承受过高的电压,以致引起死亡或局部受伤的现象称为触电。触电的伤害程度决定于通过人体电流的大小、途径和时间的长短。人体通过0.6~1.5mA的交流电流手指便感到微微麻抖,80mA的交流电流就会使人致命。人体各个部分的电阻大小不一,约从几百到几万欧,皮肤的电阻最大,但会因出汗或受潮而大大地降低其电阻值。由此可见,人体所触及的电压大小和触电时的人体情况是决定触电伤害程度的最重要的因素。

如图3.3.1所示即为常见的几种触电情况。图中1为双线触电,是最危险的触电;2为电源中线接地的单线触电,仍然极为危险;3为电源中线不接地的单线触电,当绝缘不良时也有危险。

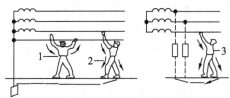

1:双线触电　2:电源中线接地的单线触电　3:电源中线不接地的单线触电

图3.3.1　各种触电情况

3.3.2 保护接地和保护接零

在正常情况下,电器设备的金属外壳是不带电的。倘若绝缘损坏或带电的导体碰壳,则外壳带电。此时若有人触及该设备的金属外壳,就可能发生触电事故。为防止触电,电器设备的金属外壳必须采取保护接地或保护接零的保护措施。

一、保护接地

把电动机或电器设备的金属外壳用电阻很小的导线同接地极可靠地连接起来,这种接地方式称为保护接地。规定在低于1000V而中性点不接地的电力网中或在电压高于1000V的电力网中均需采用保护接地。

图3.3.2为电动机保护接地的电路,电动机内部绝缘损坏,使机壳带电,这时若有人触及带电的外壳,由于人体的电阻远远超过接地极的电阻,所以几乎没有电流通过人体,从而保证了人身安全。反之,若外壳不接地,由于线路与大地间存在着分布电容,如果人体接触机壳,电流会通过人体,与线路对地电容或其他漏电途径构成回路,可能引起触电。

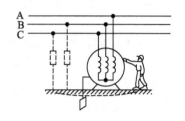

图3.3.2　保护接地

二、保护接零

在电压低于1000V电源中性点接地的电力网中,应采用保护接零,即把用电设备的金属外壳与电源的中性线直接相连,又称为保护接中线,如图3.3.3所示。保护接零的防护作用比保护接地更为完善。

采用保护接零后,电器设备如发生某相绕组与壳体相碰短路,就会形成经壳体到零线的单向短路回路。由于短路电流很大,所以很快将熔丝烧断,自动切断电源,防止触电事故。

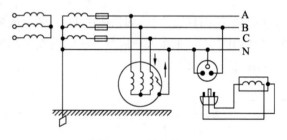

图3.3.3　保护接零

 案例分析

一、情形1

某人在使用由三相鼠笼式电动机拖动的砂轮机时,发现有一相熔断器的瓷插塞断裂,但熔丝并未断。此人认为此熔断器已无用,故将它拔下,磨刀完毕后,切断电源离去。接着第二人在电动机尚未停止前又合上电源磨刀。如此一次次紧接着进行,结果电动机烧坏。

分析原因:因有一相熔断器瓷插塞被拔下,故该电动机定子绕组中有一相没有电流,导致其他两相电流的有效值和位相都相等,这两相绕组串联起来成为一个单相绕组,使电动机的内部情况和单相电动机一样,这是电动机运行中危害较大的一种故障,叫单相运行。单相电动机的特点是没有起动转矩,只有运行转矩。因此本案中虽然电源已经缺少一相,但在电动机尚未停止前接上电源,电动机能够继续运转下去,但此时,继续通电的那部分定子绕组和转子绕组中电流要增加,约为不缺相时的 1.4~1.7 倍,而作为短路保护的熔断器的额定电流值是电动机额定电流值的 2~3 倍,所以继续通电的两相熔丝不会熔断。电流的增大使电动机的温升增大,此外,单相运行时的磁场不如三相运行时的磁场理想,所以铁芯的发热也比不缺相时严重。电动机在这种状态下长时间运行,导致了烧坏的结果。

二、情形 2

起动空载电动机时,电动机不能起动,转子不动或转得很慢,且电动机有明显的"嗡嗡"声,一切断电源,"嗡嗡"声马上消失。

分析原因:这是单相运行的明显特征。造成单相运行的原因比较多:电动机内部定子绕组有一处断线;接线板上的线头松动或脱落;导线断裂;变压器发生故障造成电源有一相没有电;开关上的保险丝熔断等。其中最常见的原因是保险丝熔断。逐一排查,发现故障并排除,电动机就能正常起动并运行。

三、情形 3

有一台三相鼠笼式异步电动机,其额定功率为 25kW,用它来带动一台水泵,根据水泵的流量、扬程和功率等求得它所需的功率为 36kW,结果使用时造成电动机烧坏,拆开电动机发现三相绕组已均匀焦黑。

分析原因:这是电动机过载运行所造成的。过载运行时电动机实际输出的功率大于它的额定功率,定子、转子电流也就大于额定电流,机内温度比满载时还高,绕组绝缘加速老化,过载严重时,绝缘很快烧坏,导致绕组烧毁。

本章小结

本章主要介绍了交流和直流电动机的构造与工作原理;阐述了三相异步电动机的类型、型号及其接线方法、使用与维护的注意点等;还着重介绍了安全用电基本常识和电动机运行的安全保护措施。通过对三个案例的分析,帮助大家很好地理解和把握有关电动机的基本理论知识与实践运用技能。

复习思考

1. 三相异步电动机由哪几部分组成?
2. 当异步电动机的定子绕组与电源接通后,若转子被阻,长时间不能转动,对电动机有何危害?如果遇到这种情况,首先应采取什么措施?
3. 电动机定子绕组有哪几种接线方法?各是如何接的?
4. 如何正确选用电动机?
5. 电动机的运行与维护应注意哪些问题?
6. 为防止触电,电器设备应采取怎样的保护措施?

第二篇

机具篇

　　动力机械本身不能直接用于园林作业生产,它必须通过各种机具对土壤、园林作物等进行加工。园林绿化养护作业内容很多,园林机具也种类繁多、结构各异。

　　本篇以园林绿化养护不同作业为序,按整地机具、园林建植机具、园林养护机具、园林灌溉设备、园林植保机具共分五章叙述。重点讲述这些机具的一般构造、性能、基本工作原理、使用维护与保养等有关知识。

　　本篇重在介绍这些机具的基本类型和常用机型,分门别类,有简有繁,图文并茂。

第4章 整地机具

本章导读

了解悬挂犁、旋耕机、圆盘耙、开沟机和挖坑机等的构造和工作过程；掌握悬挂犁、旋耕机、圆盘耙、开沟机的安装和调整方法；掌握悬挂犁、旋耕机、圆盘耙、开沟机、挖坑机和推土机等的正确使用方法。

土壤是园艺作物生长的基础，土壤的理化性状直接影响着园艺作物的生长。通过整地可增加土壤的空隙度，改善土壤的通透性，恢复或创造土壤的团粒结构，提高土壤的持水能力，促进园艺作物的正常生长和发育。

整地的园艺技术要求：适时耕翻，不误农时；深度适当，深浅一致；翻土良好，覆盖严密；土块破碎，土层疏松；地面平坦，地头整齐，无重整漏整现象。

整地必须通过整地机具来完成。由于园艺作物的种类很多，种植的空间差别也很大，所以，在选用整地机具时，必须根据种植地的类别、整地方式等合理选用。对于新建大块种植地，应对土壤进行耕翻、整地，可选用农业、林业生产中使用的全面整地机具，如铧式犁、耙、旋耕机等；在这样的土地上进行平整、挖沟、开槽等作业时，可选用工程施工中使用的平地机、挖掘机、开沟机等通用的工程机械设备；而对新建小块地或已建局部种植地上进行中耕、挖穴等工作，则大量使用专用园林绿化机具，如园林旋耕机、挖坑机、挖掘机等。

4.1 犁

犁的种类很多，按其工作原理和工作部件外形结构的不同，可分为铧式犁、圆盘犁和栅条犁等，这里只介绍前两种犁。

4.1.1 铧式犁

铧式犁性能好、品种多、历史久、适应地区广泛，是最主要的耕地机具。

一、铧式犁的类型

铧式犁按与拖拉机的挂接方式的不同,可分为牵引犁、悬挂犁和半悬挂型三种。按翻垡方向可分为单向犁和双向犁。

(一) 牵引犁

牵引犁(图4.1.1)仅通过犁的牵引装置与拖拉机单点挂接,无论耕地还是空行,犁的重量都由沟轮、地轮和尾轮支承。耕地时,调节地轮、沟轮以控制耕深和水平,故耕深较稳定,作业质量高,但机动性差,操作麻烦,且结构复杂、笨重,价格又贵,应用已日趋减少。

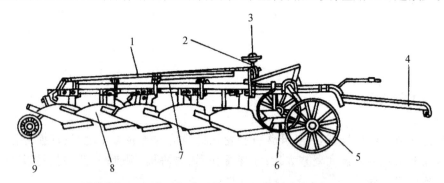

1:尾轮拉杆 2:水平调节手轮 3:深浅调节手轮 4:牵引杆
5:沟轮 6:地轮 7:犁架 8:犁体 9:尾轮
图 4.1.1 牵引犁

(二) 悬挂犁

悬挂犁(图4.1.2)由犁的悬挂装置与拖拉机三点(或两点)连接,工作时由拖拉机的悬挂机构控制犁的升降和耕深,运输状态时犁全部离地,其重量全部由拖拉机承担。它具有结构简单、重量轻、机动性好、生产效率高等优点,适宜于果树行间和菜地耕作。

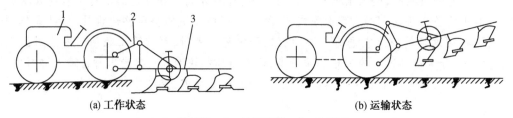

(a) 工作状态　　　　　　　　　　(b) 运输状态
1:拖拉机 2:悬挂装置 3:悬挂犁
图 4.1.2 悬挂犁

(三) 半悬挂犁

半悬挂犁(图4.1.3)介于悬挂犁与牵引犁之间,它前端与拖拉机悬挂机构相连接,后端由液压控制的尾轮支持,犁的升降和耕深都由拖拉机的悬挂机构控制,但犁的重量无论是工作还是空行均由拖拉机和犁的行走轮共同承担,改善了拖拉机的纵向稳定性,兼有牵引和悬挂的优点。这种犁适于工作幅宽大的情况,一般为大功率拖拉机配套的犁。

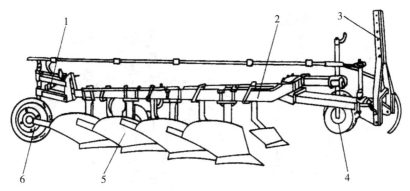

1：液压油缸　2：机架　3：悬挂架　4：地轮　5：犁体　6：限深尾轮

图 4.1.3　半悬挂犁

二、铧式犁的构造

铧式犁中以悬挂犁应用较多,在此只介绍悬挂犁。悬挂犁一般由工作部件和辅助部件组成,结构如图 4.1.4 所示。工作部件主要是指主犁体、圆犁刀和小前铧;辅助部件主要由犁架、悬挂架、调节机构和限深轮等组成。

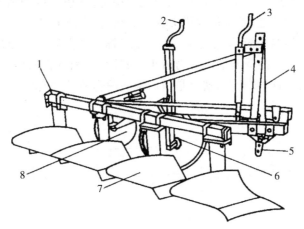

1：犁架　2：限深轮调节手柄　3：悬挂轴调节手柄　4：悬挂架
5：悬挂轴　6：限深轮　7：主犁体　8：圆犁刀

图 4.1.4　悬挂犁的一般构造

(一) 主犁体

主犁体是铧式犁的主要工作部件,它的作用是切割、破碎和翻转土垡,由犁铧、犁壁、犁柱、犁托和犁侧板等组成,并由专用的犁头螺钉将以上零件连接成一体(图 4.1.5)。

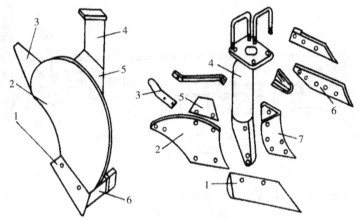

1：犁铧　2：犁壁　3：延长板　4：犁柱　5：滑草板　6：犁侧板　7：犁托
图 4.1.5　主犁体

1. 犁铧

犁铧又称犁铲，主要作用是入土、切土，并将土垡导向犁壁。常用的有凿形、梯形和三角形三种(图4.1.6)。凿形铧入土能力强，工作比较稳定，适用于耕翻粘重土壤和开荒，其背部有较厚的备料可供锻修之用；梯形铧铧刃为一直线，整个外形呈梯形，与凿形铧相比，入土性能差，铧尖易磨损，但结构简单，制造容易；三角形铧一般呈等腰三角形，铧尖形状有尖头和圆头两种，有两个刃口，故受到的侧向力较小，而且水平和垂直的切土任务都由犁铧来完成，可减轻犁壁的磨损，这种犁铧的缺点是耕后地底面容易呈波浪状，沟底不平，一般用于双向犁上。

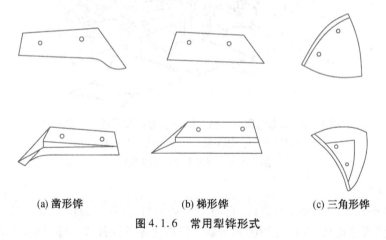

(a) 凿形铧　　　　(b) 梯形铧　　　　(c) 三角形铧
图 4.1.6　常用犁铧形式

犁铧是易磨损部件，一般采用坚硬、耐磨，即具有高强度和韧性的钢材制造，如65锰钢或65硅锰稀土钢。刃口部分须经热处理。

2. 犁壁

犁壁位于犁铧后方，主要起碎土和翻转土垡作用。犁壁与犁铧共同构成犁体的工作曲面，工作曲面的形状直接影响着耕地质量。犁壁曲面的形状较多，基本上可分为窜垡型、滚垡型和通用型三种。翻垡型覆盖性能好，窜垡型具有较强的碎土能力，通用型工作曲面综合了滚垡和窜垡的优点被广泛采用。

常见的犁壁形式有整体式、组合式和栅条式三种,如图4.1.7所示。整体式犁壁结构简单,安装方便,被广泛使用。组合式犁壁一般分为两部分,靠近犁胫线的部分单独制造,磨损后可更换,节省材料。栅条式犁壁是由数根具有一定曲面的栅条用螺栓连接在犁托上构成的,由于土垡与犁壁的接触面积减小,土壤和犁壁之间的粘附力降低,因而易脱土,阻力也降低。当在粘重土壤的地里作业时,改善了翻起土壤沿犁壁移动的性能。有的犁壁后部加装延长板,以保证耕深加大时的翻土性能,延长板应与犁壁的下边线平行。犁壁后面可以安装撑杆以增强刚性。

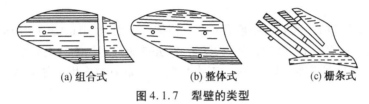

图4.1.7 犁壁的类型

3. 犁侧板

犁侧板位于犁铧和犁壁背后的左下方,用来支持犁体,工作时沿沟壁滑动,主要起稳定耕深、耕宽,平衡犁体侧向土壤阻力的作用。犁侧板常见的有平板式和刀式两种,如图4.1.8所示。刀式靠滑刀楔入沟底而起平衡犁体侧向阻力的作用,因带水操作时,沟壁的承压力小,故水田犁侧板多采用刀形。平板式犁侧板是应用最广泛的一种。由于犁侧板在工作中始终与沟墙摩擦,单铧犁和多铧犁最后一犁的犁侧板所承受的压力最大,最易磨损,因此最后一个

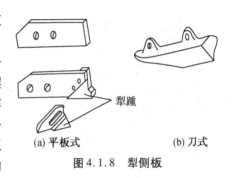

图4.1.8 犁侧板

犁体的犁侧板比其他犁体的犁侧板长,且在其尾部还安装有可更换的犁踵。犁踵以长孔和犁侧板末端连接,根据磨损情况可作补偿调整。

4. 犁托和犁柱

犁托由钢板冲压或铸造而成,是犁铧、犁壁和犁侧板的连接件和支撑件。犁柱上端与犁架连接,下端固定着犁托,是犁的传力构件。犁柱有直犁柱、钩形犁柱和高犁柱(犁托和犁柱合为一体)三种。

犁托、犁柱(图4.1.9)与安装的犁铧、犁壁和犁侧板构成犁体。耕作时,犁铧在底部切开土垡,并使土垡上升,犁壁

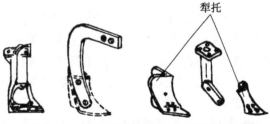

图4.1.9 犁托和犁柱

把耕起的土垡挤碎、翻转。延长板起增加耕起土壤的覆盖作用。犁侧板用来平衡由于土垡翻转而产生的侧向力。有的犁体上还装有滑草板,其作用是使杂草不致缠到犁柱和其他部

件上。犁托起支撑、固定犁的作用。犁柱连接犁和犁架。

（二）小前铧

小前铧（图4.1.10）位于主犁体的前方，其作用是将土垡上层一部分土壤和杂草翻到沟底，然后由主犁体将整个土垡翻转，从而改善了主犁体的翻垡覆盖质量。小前铧固定在犁架上，构造与主犁体相似，因工作时所受侧压力小，故无犁侧板，同时使犁壁后边留出空间为主犁体翻垡创造条件。

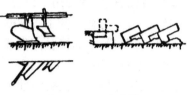

图4.1.10　小前铧

（三）圆犁刀

圆犁刀（图4.1.11）一般安装在最后一个主犁体的前面，作用是协助主犁体垂直切开土垡，减少主犁体的切割阻力和磨损，保证沟壁整齐，并能更好地切断残根杂草，减少堵塞。圆犁刀以圆盘刀片作为切割件，周边磨刃。工作时在土壤阻力的作用下使刀盘绕轴滚动进行切割。

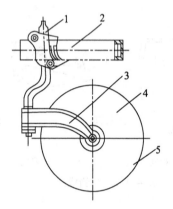

1：刀柄　2：犁架　3：刀架
4：刀盘　5：刀刃

图4.1.11　圆犁刀

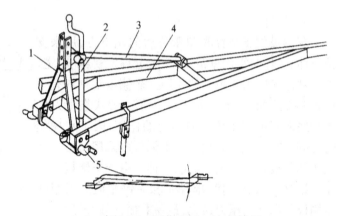

1：支板　2：调节丝杆　3：斜撑杆
4：犁架　5：悬挂轴

图4.1.12　悬挂机构

（四）犁架与悬挂架

犁的悬挂机构如图4.1.12所示。犁架是犁的主要骨架，用来固定主犁体、限深轮、悬挂架等部件，并传递动力，带动主犁体工作。犁架应有足够的强度，以免翘曲变形。犁架一般采用方形钢管焊接成梯形结构，主犁体安装在斜梁上，并可根据需要适当在斜梁上移动位置，以改变耕宽。纵梁用来安装悬挂架、限深轮等部件。

悬挂犁上装有悬挂架，以三点连接的方式与拖拉机的液压悬挂机构挂接。悬挂架的两根支板、斜撑杆与犁架形成稳定的三角形结构，两根支板上端有悬挂孔，是犁的上悬挂点，与拖拉机悬挂机构的上拉杆铰接。为适应不同的耕作要求，上悬挂点有2～3对孔位可供选择。悬挂轴固定在犁架前下方，两端的销轴与拖拉机悬挂机构的左右下拉杆铰接，是犁的两个下悬挂点。为了进行正位调整，一般悬挂轴为曲拐式，通过调节机构能使两个下悬挂点做前后移动。

(五)调节机构

曲拐式悬挂轴的调整是通过悬挂轴调节机构来实现的(图4.1.12)。转动调节丝杆,通过调节臂使悬挂轴转动一定角度。由于悬挂轴为曲拐形,所以就改变了两下悬挂点的前后位置。

(六)限深轮

限深轮只用于采用高度调节法调节耕深的悬挂犁上,装在悬挂犁的左侧纵梁上,由轮圈、轮轴和调节丝杆等组成。犁的耕深调节通过调整限深轮来实现,将限深轮提升,耕深加大;反之,耕深变浅。另外,在犁存放时限深轮起支撑作用。

三、铧式犁的使用与调整

(一)悬挂犁的安装

犁的正确安装是保证耕地质量、延长使用寿命、降低作业成本、提高效益的基础。

(1)安装犁铧和犁壁后,两者接缝处的间隙不超过1mm,安装好的犁体曲面应光滑,允许犁铧高出犁壁不超过2mm,但不允许犁壁高出犁铧。

(2)多铧犁犁侧板平行,犁铧尖在一条直线上,偏差在5~10mm范围内;各主犁体铧刃与斜梁底平面高度差均匀,一般在5~15mm之间;各主犁体铧尖间距均匀,偏差在5~10mm范围内。

(二)悬挂犁的调整

1. 耕深调整

耕深调整与拖拉机液压系统的构造有关,调整方法主要有以下几种。

(1)高度调节法:即耕深靠限深轮调整。机组在耕作过程中,液压操纵手柄放在"浮动"位置。转动限深轮手柄,升降限深轮就能达到改变耕深的目的。由于限深轮是在未耕地上滚动,具有仿形作用,所以悬挂犁就能随着地面的起伏保持一定的耕深。

(2)力调节法:当拖拉机的液压机构有力调节装置时所采用的一种方法。调节时,将耕深手柄向下推,耕深增加;反之耕深变小。耕深调好后,将手柄固定。工作时,液压系统可根据阻力大小自动调节耕作深浅。阻力大时,犁自动升起(耕深变小),反之自动下降,即土壤阻力变化时,耕作深度有所变化,但犁的阻力基本保持不变。

(3)位调节法:利用改变拖拉机的液压悬挂系统中位调节手柄的位置,来控制犁与拖拉机的相对位置,以达到升降和深度调节的目的。此法仅限于在地面平坦,土壤比阻变化不大的田块中使用。

2. 犁架的水平调整

耕地时为保证前后犁体耕深一致,必须将犁架前后、左右调整成水平状态。

(1)前后水平调整:通过调节拖拉机悬挂机构的上拉杆来实现。如前犁浅,后犁深,可缩短上拉杆;反之伸长上拉杆。

(2)左右水平调整:通过拖拉机悬挂机构的右提升杆来调节。伸长或缩短右提升杆,使右边的耕深变深或变浅。

3. 耕宽调整

拖拉机对犁的牵引力和犁受到的土壤阻力不在一条直线上时,就会产生偏牵引,造成漏耕或重耕,这时就要进行正位调整。方法是通过调整曲拐悬挂轴来实现。若犁尾偏向未耕地,铧间产生漏耕,可顺时针转动调节丝杆手柄,使悬挂轴左销前移;若犁尾偏向已耕地,铧间产生重耕,可逆时针转动调节丝杆手柄,使悬挂轴左销向后移动。

在一般情况下,用上述方法即可将耕宽调好,如仍不能达到要求时,可用横移悬挂轴的方法来调整。向右移动可以克服行程间重耕,向左移动可以纠正漏耕。

4. 入土行程和入土角的调整

入土行程是指从铧尖入土开始至达到规定耕深时的行程。入土角是指第一主犁体铧尖开始入土时,犁体支持面与地平面的夹角。缩短入土行程对提高耕地质量意义重大,缩短上拉杆长度可增加入土角,但同时也会影响前后犁体耕深的一致性,应互相兼顾,入土角以3°~10°为宜。犁铧数量越多,入土角应越小。

(三)耕地行走方法

铧式犁耕地机组的行走方法对耕地质量影响很大。为达到耕深一致、覆盖严密、沟垄少和地头短的要求,常用的耕地方法有三种,如图4.1.13所示。

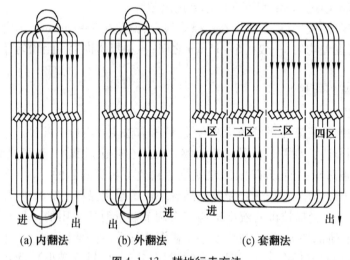

图 4.1.13 耕地行走方法

(1) 内翻法:从耕区的中线左侧入犁,第一犁耕完后向右转弯,从中线右侧回犁,如此一直耕完,最后再耕地头。内翻法的缺点是耕完后耕区中间形成一条垄台,两侧留有犁沟。

(2) 外翻法:从耕区右侧入犁,第一犁耕完后向左转弯,从耕区左侧回犁,全部耕完后,最后再耕地头。外翻法的缺点是耕完后耕区中间形成一个犁沟,两边形成垄台。

(3) 套翻法:在大而平的地块耕作时,多采用套翻法。即把地块分成几个小区进行套翻。图4.1.13(c)是把地块分成四个小区,犁耕时,机组由第一区右侧进入,用内翻法先套翻一、三两区,再以内翻法套翻二、四两区,这样耕出来的地既可减少沟垄,又能避免转小弯,减小地头,保证耕地质量,提高耕地效率。

(四)使用注意事项

(1) 挂接犁时要低速小油门,注意人身安全。

(2) 地头转弯前必须先将犁提升起来,以防转弯时因受力不平衡而损坏机具,且不能急转弯。

(3)落犁时应慢降轻落,以防铧尖变形或损坏。

(4)作业中犁架上不能坐人,如果是因为犁重量轻而不易入土,可适当添加配重。

(5)转移地块时,应减速慢行,谨慎操作,确保安全。

(6)长距离运输时,需将升降手柄固定牢靠,并且收紧下拉杆限位链,以免中途因摇晃而自动落犁,损坏机件。

(7)长期存放时,应将犁清洗干净,犁体工作面和转动部位涂上防锈油,停放在通风干燥、较高无积水处。露天停放时,要覆盖防雨物。

四、双向犁

一般单向铧式犁只能向右侧翻堡,必须回形耕作,耕后地面垄沟多,增加整地工作量,所以可以使用双向犁。双向犁可以变更犁体的翻堡方向,拖拉机可以梭形作业,土堡始终翻向一侧,耕后地面平整无沟垄,有利于耕地后的整地作业。由于减少了机组地头转向空行程,生产效率比单向犁高。这种双向犁适用于坡地和小地块作业。

双向犁分两种类型,一种是采用一套犁体(对称犁体)进行换向,另一种是采用两套犁体进行翻转换向。一套犁体换向的双向犁一般与小型拖拉机配套使用,又可分为绕垂直轴旋转和绕水平轴翻转的两种结构。这种类型的犁体曲面对称,因而曲面形状受到限制,碎土和覆盖性能差。两套犁体翻转换向的双向犁多与大中型拖拉机配套使用,按照犁体旋转角度的不同又可分为半翻式和全翻式。半翻式犁体翻转90°,非工作犁体偏于未耕地一侧,有助于拖拉机地轮的附着重量;全翻式犁体翻转180°,非工作犁体处于工作犁体正上方,工作稳定。翻转式双向犁的翻转方式有机械操纵(图4.1.14)、气动操纵和液压操纵等形式。

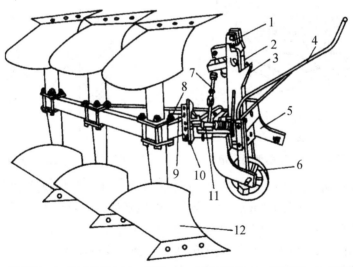

1:摆动杆 2:限位螺钉 3:吊钩 4:操作手柄 5:悬挂架 6:限深轮
7:吊杆 8:犁架 9:纵心轴 10:定位卡板 11:定位卡销 12:犁体

图4.1.14 机械全翻转双向犁

4.1.2 圆盘犁

圆盘犁是以凹面圆盘向前转动来耕翻土壤的一种耕作机械。由于其工作部件在滚动中翻土，故不易堵塞、不缠草、阻力小、油耗低，适于在多草、多碎石的土壤中工作。

圆盘犁按其动力特点可分为牵引型和驱动型两类；按牵引形式可分为牵引式、悬挂式和半悬挂式；按工作方式分为单向圆盘犁和双向圆盘犁两种，双向圆盘犁增加了液压或机械式的翻转机构，回程作业时犁盘翻转180°，使翻垡方向保持一致，方便作业；按犁盘的数量来分，有3盘、4盘、5盘、6盘、7盘、8盘、9盘等多种型号。

一、牵引型圆盘犁的构造及工作原理

牵引型圆盘犁耕作时随拖拉机牵引前进，犁盘在土壤中被动向前转动，靠犁盘凹面对土壤产生切削、提升、扭曲、撕裂和翻转的作用，地表面的植被随土垡的翻转被埋入土垡下面，实现耕翻土壤的目的。牵引型圆盘犁的结构如图4.1.15所示。它主要由圆盘犁体、翻土板、犁架、悬挂架及尾轮组成。圆盘犁体是一个球面圆盘，其回转平面与地面不垂直，而是略有倾斜，回转平面与地面垂线的夹角称为倾角，角度一般为15°～25°；犁盘与前进方向之间的夹角为偏角，一般为30°～45°（图4.1.16）。犁盘的盘径一般为500～700mm。圆盘凹度随盘径的不同而改变，曲率半径为500～700mm，圆盘凸面边缘磨成0.5～1mm的刃口，刃角为12°。

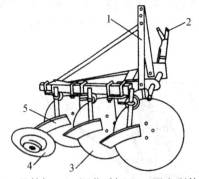

1：悬挂架　2：调节手柄　3：圆盘犁体
4：尾轮　5：翻土板

图4.1.15　牵引型圆盘犁

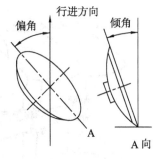

图4.1.16　圆盘的偏角和倾角

在圆盘凸面有翻土板，用来清除粘附在圆盘面上的泥土，同时还起辅助翻垡的作用。

圆盘犁工作时会产生很大的侧压力，为了有效地平衡这种侧压力，使犁稳定地工作，在圆盘犁的尾部装有尾轮，尾轮用支架固定在犁架上，或直接固定在最后一个犁柱上。尾轮有近似球面和平面两种，尾轮也有倾角和偏角，根据平衡需要可以调整。

悬挂圆盘犁的耕深通常以拖拉机的液压悬挂机构来控制，一般圆盘整地机均依靠自重入土，有时需加配重。

二、驱动型圆盘犁的构造及工作原理

驱动型圆盘犁是在牵引型圆盘犁的基础上发展起来的，其结构如图4.1.17所示，由悬挂架、传动机构、机架、圆盘组及尾轮组成。驱动型圆盘犁与牵引型圆盘犁的不同在于不是

每个犁盘单独装在机架上,而是把一组犁盘装在一根轴上,在轴的驱动下同时旋转。犁盘的旋转驱动力来自拖拉机的动力输出轴,经万向节传动轴、中间传动箱或侧边传动箱传至犁盘轴上,犁盘与前进方向有一偏角,在驱动力矩的作用下,向前转动来耕翻土壤。驱动型圆盘犁的犁盘与地面垂线间无倾角,工作时与地面是垂直的。

驱动型圆盘犁的机架、尾轮等部件的结构和工作原理与牵引型圆盘犁一样。由于圆盘组是由动力驱动工作的,圆盘转速高(100~200r/min),翻垡及覆盖质量都优于牵引型圆盘犁。

三、圆盘犁的调整

这里只介绍犁盘角度和尾轮的调整,其他调整均与旋耕机的调整一样,请参阅旋耕机部分。

1. 犁盘角度的调整

犁盘偏角的大小直接影响入土性能、翻垡性能和碎土性能。偏角越大,犁盘入土越困难,而翻垡能力增强,碎土能力变好。驱

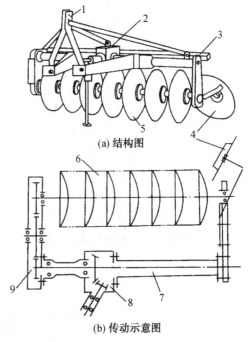

1:悬挂架 2:齿轮箱 3:副梁
4:尾轮 5:圆盘犁 6:耙组
7:传动轴 8:锥齿轮 9:侧边传动

图 4.1.17 驱动型圆盘犁

动型圆盘犁由于安装在一根轴上,其偏角是设计制造时固定的,使用中一般不易改变,但也有的驱动型圆盘犁在悬挂板上多设几个悬挂销安装孔,通过改变悬挂销的安装孔位来改变犁盘与机组前进方向的配置关系,即改变了偏角。但这样会造成万向节在水平方向的弯曲,一般应掌握角度改变范围在1°~3°之内。牵引型圆盘犁每个犁盘的偏角都是可以调节的,但在使用中为保持翻垡的一致性,各犁盘的角度应该保持一致,并通过试耕来验证。

2. 尾轮的调整

(1) 尾轮横向位置的调整。为保证尾轮始终斜插在最后一个圆盘耕出的犁沟内,可根据不同的土壤情况,通过换装不同的孔位,实现横向调整。

(2) 尾轮偏角的调整。如图4.1.18所示,通过偏心调节轴的转动,使偏角在5°~25°范围内调节。偏角越大,承受的侧向推力就越大。

(3) 尾轮倾角的调节。如图4.1.19所示,通过一块调整斜铁正反装在尾轮轴和尾轮摆杆之间,可调节为20°、25°、30°的倾角,倾角越大,平衡侧向力越强。在有的圆盘犁上为了简化结构,将倾角设计成25°,不可改变。

(4) 尾轮接地压力的调整。通过调整尾轮弹簧的上下螺母改变尾轮的接地压力,一般掌握在第一犁盘入土时,使尾轮入土30~50mm。根据土壤硬度要随时调整尾轮接地压力,当土壤疏松时,应减少尾轮弹簧的压缩量,减少压力;反之增大压力。

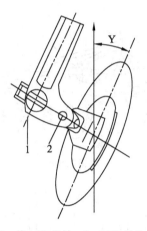 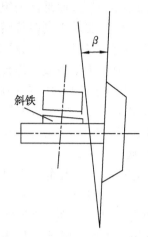

1：偏心调节轴　2：固定轴栓

图 4.1.18　尾轮偏角的调整　　　　图 4.1.19　尾轮倾角的调整

4.2　旋　耕　机

旋耕机是一种由动力驱动工作部件，切碎土壤的耕作机械。工作时，旋转的刀齿切碎土壤并将切下的土块向后抛掷与盖板撞击达到碎土目的。

旋耕机按与拖拉机连接形式的不同，分为牵引式和悬挂式两种；按刀轴配置方式的不同，分为立式和卧式两种；按刀齿旋转方向的不同，分为正转和逆转两种。在我国以悬挂式、卧式、正转的旋耕机应用较多。

4.2.1　旋耕机的构造

旋耕机由机架、传动部分、刀轴、刀片、挡泥罩、平土拖板等组成（图 4.2.1）。

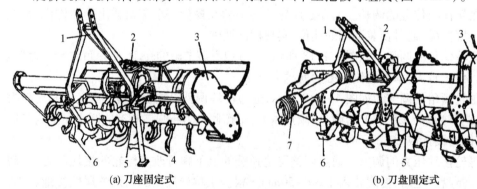

(a) 刀座固定式　　　　　　　　　　(b) 刀盘固定式

1：悬挂架　2：齿轮箱　3：链轮箱　4：撑杆　5：刀轴　6：刀片　7：万向节防护罩　8：限深轮

图 4.2.1　悬挂式旋耕机

一、机架

旋耕机的机架呈框形结构,由悬挂架、左主梁、右主梁及齿轮箱壳体等组成。悬挂架安装在主梁上,主梁的两端都带有接盘,一端与齿轮箱连接,另一端与侧板和侧边传动箱相连。有的旋耕机的主梁前面还装有撑杆,便于与拖拉机挂接。

二、传动系统

传动机构由万向节、齿轮箱和侧边或中间传动箱等组成。拖拉机的动力由动力输出轴→万向节→齿轮箱(一级减速)传动轴→侧边或中间传动箱(二级减速)→刀轴,使刀轴旋转工作。在有的旋耕机上,齿轮减速箱是可以变速的,使旋耕机作业范围更广。

三、刀轴

刀轴是旋耕机的主要工作部件之一,在卧式旋耕机中,有刀座固定式和刀盘固定式两种。刀座固定式是把安装刀片的刀座固定在刀轴上,刀片插在刀座内,用螺钉连接刀片和刀座[图4.2.1(a)]。刀盘固定式是把安装刀片的刀盘固定在刀轴上,用螺栓连接刀盘和刀片[图4.2.1(b)]。这两种刀轴安装刀片时,都是使刀片有规则地按螺旋线排列在刀轴上。在垂直刀轴的平面内有两个刀座以防漏耕。刀轴由刀管轴和接头轴两部分组成,刀座或刀盘焊接在刀管轴上,接头轴有两个,花键轴头和光轴头各一个,装在刀管轴的两端,动力通过花键轴头传入。

四、刀片

旋耕刀片是旋耕机的主要工作部件,用螺栓固定在焊有刀座或刀盘的刀轴上,随刀轴一起旋转,完成切土和碎土工作。刀片的形状和参数对旋耕机的工作质量、功率、消耗都有很大影响。旋耕刀片可分以下几种类型(图4.2.2)。

图4.2.2 不同类型的旋耕刀片

(1)凿形刀片[图4.2.2(a)]:刀片正面具有凿形刃口,入土性能好,但刃口窄,只适用于在较松软的土壤里工作。凿形刀片分为刚性和弹性两种,后者适用于石块较多的土壤。

(2)直角刀片[图4.2.2(b)]:刀片刃口平直,由正切刃(横切刃)和侧切刃(纵切刃)组成,两刃相交成90°。这种刀片刀身较宽,刚性强,切土能力好,多用于旱地作业。

(3)弯刀片[图4.2.2(c)]:刃口由曲线构成,有侧切刃和正切刃两部分。弯刀片有左弯和右弯两种。这种刀片在切削土壤过程中与前两种刀片不同(图4.2.3)。前两种刀片的切削过程是先由离回转轴较远的切削刃切削,逐渐转向离回转轴较近的切削刃切削。这种切削方式虽然碎土性能好,但根茎和土块易缠绕在一起,切不断就逐渐移向轴心,造成堵塞。而曲线刃口在切削时,先由离回转轴较近的刃口切削,逐渐转到离回转轴较远的侧刃切削,最后由正切刃切削。这样可以把土块和草茎压向未

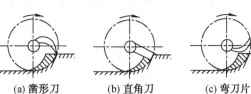

图4.2.3 不同类型刀片的切土过程

耕地,由坚硬的未耕地支承切割,草茎易断,即使不断,也可由曲线刃口的变化将草茎导向切削刃的端部而抛出。故弯刀片能防止杂草缠绕,适用于在多草茎的旱地和水田中作业。

五、挡泥罩和平土拖板

挡泥罩由薄钢板弯成弧形,固定在刀滚(刀轴上安装刀片后的总称)的上方。其作用是挡住刀滚抛起的土块,进一步将其粉碎,同时还保护驾驶员安全,改善劳动条件。

平土拖板也由薄钢板制成,一端铰接在挡泥罩上,另一端用链条连到悬挂架上,调节链条就可调节拖板的离地高度,以适应碎土和平土的需要。

4.2.2 旋耕机的工作过程

旋耕机旋耕时(图4.2.4),安装有刀片的刀轴在拖拉机动力输出轴的驱动下,一方面按一定的速度做旋转运动,一方面随机组前进做直线运动。刀片在旋转过程中,首先对土壤进行切削,并将切削下的土垡向后方抛出,在挡泥罩的撞击下而细碎,然后再落回地面,被平土拖板拖平。

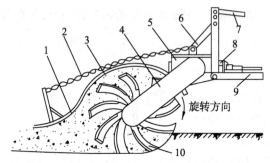

1:平地拖板 2:链条 3:挡泥罩 4:链轮箱 5:齿轮箱
6:悬挂架 7:上拉杆 8:万向节 9:下拉杆 10:刀片

图 4.2.4 旋耕机的工作过程

旋耕机的工作原理基本上和金属加工中卧铣的切削原理相同。旋耕机的工作部件在工作时具有自身的旋转运动以及和拖拉机一起向前的前进运动,刀片在上述两种运动同时存在的条件下完成切削土壤的工作。如图4.2.5所示,为了达到切碎土壤的目的,刀片端点的圆周速度 $R\omega$ 必须大于拖拉机的前进速度 v,它们之间的比值叫速比系数 λ(即 $\lambda = \frac{R\omega}{v}$),这时刀片对地面的轨迹是一带有绕扣的曲线,此曲线就叫余摆线。从图4.2.6可以看到速比系数 λ 与切土节距 s、沟底不平度 a_1 之间的关系。λ 值越大,则 s 和 a_1 就越小,故切土

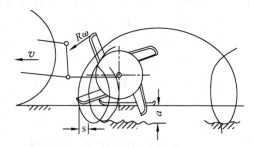

图 4.2.5 刀片的运动轨迹

细碎,沟底平整,而且对土块的抛掷力也越大,土块被进一步击碎得也越好。但圆周速度过大时,旋耕比阻会急剧增加,因此,应按不同的拖拉机型号和土地情况来因地制宜的选择刀

轴转速和拖拉机挡位,使它与生产要求相符合。一般刀轴的低速挡为 200r/min 左右,用于旱耕和土壤比阻大的田地,为确保碎土质量,此时拖拉机也应用低挡(Ⅰ、Ⅱ挡)行进;刀轴的高速挡为 270r/min 左右,用于水耕和土壤比阻小的田地,此时拖拉机可行驶较快些(用Ⅱ、Ⅲ挡)。

旋耕机的工作特点是碎土能力强,旋耕后的土层松碎,地表平坦,土肥掺合好,能一次完成耕、耙作业,达到满足播种的要求;缺点是消耗功率大,耕深较浅,覆盖质量差,不利于消灭杂草。

4.2.3 旋耕机的正确使用

一、刀片的安装

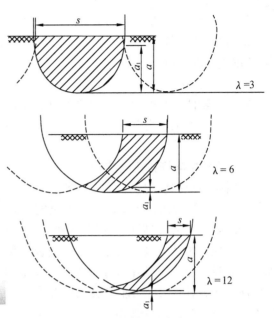

图 4.2.6 速比系数对切割质量的影响
(刀片数 $Z = 1$ 时)

安装刀片时必须使刀刃顺着旋转方向,不能装反,否则会使刀背入土,损坏机件。弯刀有左弯和右弯两种,工作时具有斜向抛土的作用,因此不同的刀片安装法,会获得不同的耕作效果。弯刀在轴上有交错安装、向内安装和向外安装三种方法,如图 4.2.7 所示。

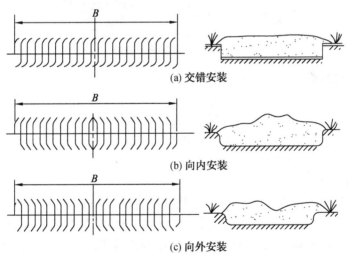

图 4.2.7 刀片的安装及旋耕效果

1. 交错安装

左、右弯刀在轴上交错对称安装,即在同一截面内各装一把左弯刀和右弯刀,刀管轴两外端的刀片全向内弯,使土不抛向两侧。这种装法耕后地表平整,是最为常见的安装方法。大片草坪种植整地时,应采用此法。

2. 向内安装

从刀轴中间开始,左边全部安装右弯刀,右边全部安装左弯刀。耕后中间成垄,两端成沟,适用于筑畦或填沟作业。

3. 向外安装

除刀管轴两外端的刀片向内弯外,从中间开始,所有弯刀的弯曲方向都是背向中间,向刀轴两端弯。刀轴受力对称,耕后刀片间没有漏耕。耕幅中间成沟,两端成垄,适用于拆畦和旋耕开沟联合作业。

二、旋耕机与拖拉机的挂接

旋耕机与拖拉机的挂接除万向节的安装外,与悬挂铧式犁基本相同。安装万向节的方法是:将带有方轴的万向节装入旋耕机的输入轴并固定,再将旋耕机提起,用手转动刀轴,看其转动是否灵活;然后再把带有方套的万向节套入方轴内,并缩至最小尺寸;用手托住万向节套入拖拉机动力输出轴并固定。安装时要注意,一方面方轴的长度应和拖拉机相适应,以保证旋耕机在工作或升起时,方轴与方套既不顶死也不脱出,有适合的配合长度;另一方面要注意使方轴夹叉及方轴套夹叉的开口在同一平面内,如图4.2.8所示,否则会使刀轴转速不匀,振动加大,损坏机件。

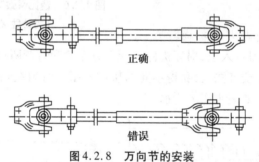

图4.2.8 万向节的安装

三、旋耕机的调整

1. 耕深调整

一般轮式拖拉机配用的旋耕机,耕深用液压系统通过位调节方式控制,严禁使用力调节,以免损坏机件,也可在旋耕机上安装限深滑板控制。手扶拖拉机配用的旋耕机,耕深通过改变尾轮的高低位置来调整。

2. 水平调整

与悬挂犁的调整方法相同,左右水平用拖拉机右提升杆来调节,使拖拉机工作时,左右两端刀齿离地面高度一致。前后水平用拖拉机上拉杆调节,使拖拉机的变速箱保持水平状态。通过调整可保证旋耕机工作时齿轮箱的花键和拖拉机的动力输出轴保持平行,以使万向节在有利的条件下工作。

3. 碎土性能调整

旋耕机的碎土性能与机组前进速度及刀轴转速有关。机组前进速度越慢,刀轴转速越高,碎土性能就越好。所以,可用改变机组前进速度或刀轴转速的方法来调整碎土性能。一般旱耕时机组前进速度为 2~3km/h,水耕时采用 3~5km/h。此外,调整拖板的高低也影响碎土性能和平地效果。

四、旋耕机组的行走方法

旋耕机组的行走方法一般有梭形耕法、套耕法和回耕法三种,如图4.2.9所示。

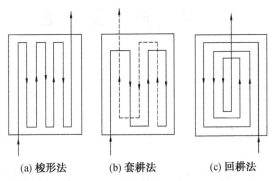

(a) 梭形法　　(b) 套耕法　　(c) 回耕法

图4.2.9　旋耕机的行走方法

1. 梭形耕法

机组由地块的一侧进入,往返旋耕,一行邻接一行,最后耕地头。此法适用于手扶拖拉机旋耕机组。

2. 套耕法

机组由地块的一侧进入,耕完第一趟后,隔一个耕宽耕第二趟,再隔一个耕宽耕第三趟,如此直至耕完后,再耕留下部分。此法可避免在地头转小弯。

3. 回耕法

机组从地头一侧进入,转圈耕作,转弯时应将旋耕机提离地面。此法简单,操作方便,工效高,多用于水田旋耕。

五、使用注意事项

(1) 出车前,应检查万向节两端插销是否装好,刀管轴和刀齿是否变形,刀齿是否紧固齐全。

(2) 旋耕机运转时,其上方和后方禁止站人,以防意外。开始工作时,先接好动力输出轴,再挂上工作挡,在柔和地放松离合器踏板的同时,使刀齿在行进中缓慢入土,并逐渐加大油门,增加刀齿的转速和行进速度。禁止在起步前先将刀齿入土或在行进中将刀齿猛然入土,以免损坏工作部件。停车或转弯时应升起旋耕机。

(3) 万向节工作时,两端应接近水平状态,最大倾斜度以不大于±10°为好;提升时,万向节与水平线的夹角应小于30°,否则易使万向节损坏。为此,旋耕前应将液压操纵手柄限制在允许提升的范围内。

(4) 田间转移或过田埂时,应切断动力,将旋耕机升至最高位置。长距离运输时还应卸下万向节并用锁紧装置将旋耕机固定。停车时,应使旋耕机着地,不得保持悬挂状态。

(5) 检查保养及排除故障时,必须切断拖拉机动力,将旋耕机落地。如果更换零件,应把旋耕机垫高,发动机熄火,确保安全。

4.3 圆盘耙

圆盘耙用于犁耕后的碎土作业。土壤经过犁耕后，土垡往往会形成较大的颗粒，地表平整度也不能满足播种和植苗的要求，需要用圆盘耙进一步碎土和平整地表。

4.3.1 圆盘耙的类型

圆盘耙的类型较多，可按耙重与耙片直径、耙组排列方式和机组挂接方式等进行分类。

一、按耙重与耙片直径分

按耙重与耙片直径可分为重型、中型和轻型三种。具体参数及适用范围参见表4.3.1。

表4.3.1 圆盘耙的类型及参数

类型	轻型圆盘耙	中型圆盘耙	重型圆盘耙
单片耙重/kg	15~25	20~45	50~65
耙片直径/mm	460	560	660
耙深/cm	10	14	18
每米耙幅的牵引阻力/(kN/m)	2~3	3~5	5~8
适应范围	一般土壤的耕后碎土，播前松土	粘土壤的耕后碎土，也可用于一般土壤的以耙代耕	荒地、沼泽地和粘重土壤的耕后碎土，也可用于粘土壤的以耙代耕

注：单片耙重＝机重/耙片数

二、按耙组排列方式及配置方式分

按耙组排列方式可分为单列耙和双列耙两种，按耙组的配置方式又有对置式和偏置式之分，如图4.3.1所示。单列耙应用较少。对置式耙的耙组对称地布置于拖拉机中心线的两侧，其优点是偏角调整方便，左右耙组侧向力相互平衡，工作平稳，在地头可左右转弯。但耙后工作幅宽中间有埂，两侧有沟，地表不平，且中间易产生漏耙。偏置式耙的耙组偏置于

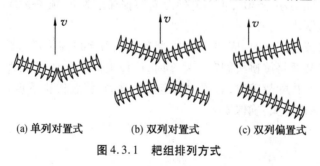

图4.3.1 耙组排列方式
(a) 单列对置式　(b) 双列对置式　(c) 双列偏置式

拖拉机中心线的一侧（左侧或右侧），前后两列耙组一组右翻，一组左翻，耕后地表平整，无沟、埂，目前应用日益增多。缺点是侧向力不平衡，调节困难，作业时只能单向转弯，容易产生偏牵引。

三、按与机组挂接方式分

按与机组挂接方式可分为牵引式、悬挂式和半悬挂式三种。重型耙一般多是牵引式或半悬挂式；轻型和中型耙则三种形式都有。

4.3.2 圆盘耙的构造及工作

一、圆盘耙的构造

圆盘耙一般由圆盘耙组、耙架、角度调节装置、悬挂和牵引装置等组成，如图4.3.2所示。

1. 耙组

耙组是圆盘耙的主要工作部件，由耙片、间管、方轴、轴承、刮土器和横梁等组成。耙片中心为方孔，穿在方轴上，各耙片之间用间管隔开，以保持一定间距，轴端用螺母拧紧、锁住。耙片、间管随方轴一起转动。耙组通过轴承和轴承支板与耙架横梁连接。为消除耙片上粘附的泥土，每个耙片凹面都装有刮土铲，刮土铲固定在横梁上，并可左右移动，以调整刮土铲端面与圆盘凹面的间隙。耙片在凸面边缘磨成刃口，有全缘和缺口两种。缺口耙片碎土能力强，外缘有6~12个缺口，入土性能好，切碎土块和根茬能力强，适用于粘重土壤和荒地。重型耙

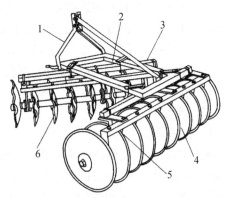

1：悬挂架　2：耙架　3：横梁
4：圆盘耙组　5：刮土铲　6：缺口耙组
图4.3.2　圆盘耙

多采用缺口耙片，轻型耙多采用全缘耙片，中型耙采用两者结合，前列用缺口耙片，后列用全缘耙片。

2. 耙架

耙架用来安装耙组、悬挂或牵引装置、角度调节装置等部件。有的耙架还装有配重箱，以便需要时加配重，增加耙深。

3. 角度调节装置

角度调节装置的主要作用是通过改变耙组横梁相对于耙架的连接位置，来调节圆盘耙组的偏角，以适应不同耙深的需要。常见的角度调节装置的形式有丝杆式、齿板式、油压式、插销式、压板式和手杆式等多种。丝杆式用于部分重耙上，结构复杂但工作可靠；齿板式在非系列轻耙上使用，调节方便，但齿板易变形；插销式和压板式结构简单，工作可靠，但调节比较困难，在中型和轻型耙上使用；油压式用于系列重耙上，虽然结构复杂但工作可靠，操作容易。

4. 悬挂或牵引装置

圆盘耙通过悬挂或牵引装置与拖拉机连接。

二、圆盘耙的工作过程

圆盘耙工作时，在牵引力作用下一方面垂直于地面回转，一方面与前进方向成一夹角滚动前进。在重力和土壤阻力的作用下切入土中，达到一定的深度。耙片运动可分解为纯滚动和侧向移动，滚动中耙片刃口切碎土块、杂草和根茬；在侧向移动中，耙片刃口和曲面进行推土、铲草、碎土、翻土和覆盖等工作。

4.3.3 圆盘耙的使用与调整

一、安装检查

（1）耙片刃口厚度应小于 0.5mm，缺损长度小于 1.5mm，一个耙片上的缺损不应超过三处。方轴应平直，无啃圆缺损。

（2）在向方轴上安装缺口耙片时，相邻的耙片缺口要相互错开，使耙组受力均匀。安装间管时，间管的大头与耙片凸面相靠，小头与凹面相靠。

（3）方轴两端的螺母要拧紧、锁牢，防止耙片晃动。

（4）刮土铲的端刃离耙片凹面应保持一定的间隙，一般为 3~10mm，端刃不能超出耙片边缘。

二、调整

1. 耙深调整

耙片的入土深度取决于机重和耙片偏角的大小。在一定范围内，偏角增大，则入土、推土、碎土和翻土作用增强，耙深增加；偏角减小，则入土、碎土和翻土等作用减弱，耙深变浅。另外增加附重，入土深度增加，反之，入土深度变浅。

2. 水平调整

悬挂式圆盘耙的水平调整与悬挂犁相同。牵引耙的水平调整是利用调节横拉杆的高低和调节限位机构来实现的。

3. 偏置量的调整

所谓偏置量就是耙的中心偏离拖拉机中心的横向距离。如果需要增加左偏置，可将前后耙组同时相对耙架向左移动相同的距离，为平衡力矩，应同时减小前列耙组的偏角和增加后列耙组的偏角；需要向右偏置时则相反。

三、耙地行走方法

耙地方法可分为顺耙和斜耙两类。顺耙机组行走方法可分为梭形耙法、套耙法和绕形耙法；斜耙机组行走方法可分为交叉耙法、对角线耙法（图4.3.3）。应根据地块大小、形状和园艺技术要求选择行走路线。若地块狭长，可采用梭形耙法，这种耙法比较简单，但地头要留得较大；若地块较小且土壤疏松时，采用绕形耙法，此法由地边开始逐渐向内绕圈顺耙，最后在四角转弯处补耙；对较大地块，可采用套耙法；对土壤较粘重的较大地块，宜采用对角线或交叉耙法，此法一次作业相当于两次顺耙，同时碎土和平土作用较强。

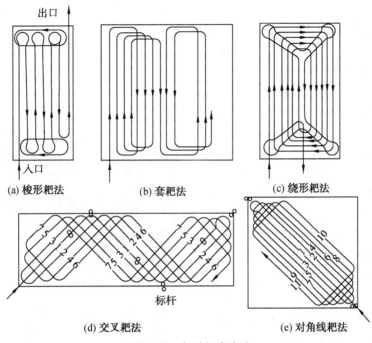

图 4.3.3　耙地行走方法

四、使用注意事项

（1）使用前紧固各连接点，对润滑点加注润滑油。
（2）机组作业和运输时，机架上不得坐人和载重物。
（3）发现故障应停车排除，禁止在行进中用脚或手直接清除耙上的泥土和杂草。
（4）耙地时，相邻两个行程间应有 10~20mm 的重叠，以免漏耙。
（5）作业中牵引式圆盘耙不许拐急弯，不许倒车；悬挂式圆盘耙在转弯和倒退时必须将耙提起。

4.4　开　沟　机

开沟机主要用于开沟埋地下灌溉管道及排水。园林开沟机的形式很多，这里主要介绍圆盘开沟机。圆盘开沟机主要工作部件是装有刀片的圆盘，称为刀盘。刀盘在动力驱动下绕轴旋转，随拖拉机的前进切割土壤，并将土壤抛出，土壤遇到分土板，被导向沟的两边，形成近似矩形断面的沟。圆盘开沟机的开沟深度及沟的断面形状，与刀盘的直径及刀盘的结构形式有关。

圆盘开沟机主要有直连式和悬挂式两种，直连式又分为前置和后置两种。根据刀盘数量的不同有单圆盘开沟机和双圆盘开沟机等。

4.4.1 直连式单圆盘开沟机

一、结构及工作原理

直连式单圆盘开沟机一般与手扶拖拉机配套使用,如图4.4.1所示。它由机架、齿轮箱、刀盘、限深轮、分土板、操纵机构及皮带轮防护装置等组成。

直连式单圆盘开沟机的动力来自发动机的皮带轮(安装时将原发动机皮带轮卸下,换上四槽皮带轮)。四槽皮带轮分两路传递动力,一路是经三根V形带、开沟机离合器和齿轮箱驱动刀盘;另一路是通过一根V形带,将动力传给拖拉机的传动系统,随机组的前进,旋转的刀盘带动刀片切削土壤,将土壤抛向分土板,并导向沟的两侧,形成与刀片运动轨迹相吻合的沟。

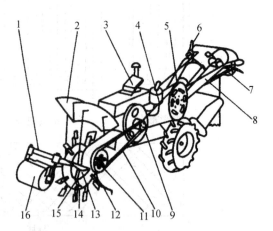

1:机架 2:分土板 3:水箱 4:活络V型带
5:行走带轮 6:油门 7:拖拉机 8:扶手架
9:发动机 10:V型带 11:带离合器带轮
12:指印器 13:齿轮箱 14:刀盘和刀片
15:削壁刀 16:限深轮

图4.4.1 前置直连式圆盘开沟机

二、使用与调整

(1) 通过调整发动机和开沟机齿轮箱总成的前后位置来调整V形带的松紧度。首先前后移动发动机,调整行走带的松紧度,紧固发动机后,改变开沟机齿轮箱总成的前后位置,调整开沟机V形带的松紧程度。要保证刀盘纵向中心的对称平面与拖拉机纵向中心平面一致。

(2) 调整刀片的安装角度和位置,保证各刀片离轴心距离相等,角度和安装方向一致,刀片不能装反。

(3) 检查各紧固件是否紧固,齿轮箱中齿轮油是否充足,转动部位有无碰撞和摩擦,有问题予以解决。

(4) 调整离合器分离杆和分离轴承之间的间隙,并调节接叉杆和离合杆的长度,保证开沟机离合器接合可靠,分离彻底。

(5) 通过调节限深轮的位置改变开沟深度。

(6) 在开沟机和拖拉机传动系统离合器均分离的状态下起动发动机。使发动机中速运转,接合开沟机动力,使刀盘旋转并缓慢入土,待限深轮着地后,再接合拖拉机传动系统离合器,加大油门开始作业。切忌猛然入土,以免损坏机件。

(7) 地头转弯和停车时,应先切断行走动力,然后再切断开沟机的动力,使刀尖离开地面后,以低挡中小油门转弯或停止发动机运转。

4.4.2 悬挂式单圆盘开沟机

一、结构及工作原理

悬挂式单圆开沟机主要由机架、悬挂架、前置齿轮箱、分土板、侧置齿轮箱、刀盘等部件组成。刀盘的结构及工作原理与直连式单圆盘开沟机一样,只是传动形式不同。工作时,拖拉机的动力由动力输出轴经万向节、前置齿轮箱、侧置齿轮箱传递给刀盘,刀盘旋转,刀片切土、抛土,完成开沟作业。

二、使用与调整

悬挂式单圆盘开沟机工作原理与旋耕机相似,使用调整见直连式单圆盘开沟机和旋耕机的相关部分。

4.4.3 国外开沟机简介

国外生产的开沟机常采用链式开沟装置。由驱动轮、外伸长导轨板、固定在导轨板外端的从动轮及一条纵向传动链组成。链斗(将链片做成斗状)按一定间隔固定在传动链上,链斗前端的刃部是挖掘土壤的切削工作部件。在拖拉机动力驱动下,驱动轮回转,链斗沿同一方向挖掘土壤,链斗输送上来的土壤,在与驱动轮同轴的螺旋翼片快速旋转的作用下,被传送到沟的一侧。导轨板入土是由拖拉机的液压系统控制的。

图4.4.2是一种手推二轮开沟机,这种开沟机的行走和深度控制均由人工完成。开沟切削仅由随机安装的小型汽油机经传动机构减速后,驱动带切削齿的链条转动完成。

图4.4.2 手推二轮开沟机

4.5 挖 坑 机

挖坑机是挖掘植树坑、施肥坑和穴状松土的机械。其类型很多,有拖拉机牵引式、悬挂式、自行式和便携手提式等。园林绿化树木种植整地用的挖坑机以便携手提式和悬挂式为最多。便携手提式适用于坡度较大的地方及零星小块土地;悬挂式适用于平地和缓坡丘陵地。

4.5.1 手提式挖坑机

手提式挖坑机由发动机、离合器、减速器、操纵机构及钻头等组成,如图4.5.1所示。发动机一般为1.1~3.7kW的二冲程汽油机。离合器多为离心式,作用是自动控制发动机与工作部件间动力的接通和切断。另外,在阻力突然增大时,离合器自动分离,钻头停转而发动机不致熄火,对发动机和钻头都起到安全保护的作用。减速器用来将发动机的高转速变为钻头需要的工作转速,一般采用摆线针轮减速器,具有减速比大、体积小、重量轻、噪音小和传动平稳等特点。挖坑机的钻头有整地型和挖坑型两种,如图4.5.2所示。挖坑型钻头的螺旋翼片起碎土、排土和产生轴向进给力的作用,使钻头有自动下钻的倾向,为使钻头能自动出土,机上多装有逆转机构。整地型钻头为双刃螺旋刀齿,上刃长,下刃短,工作时分段切削土壤,阻力小,下钻快。由于螺旋升角不大,且钻头的转速仅为192~230r/min,所以土壤不致飞出坑外。

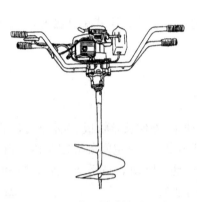

图4.5.1 双人手提式挖坑机外形

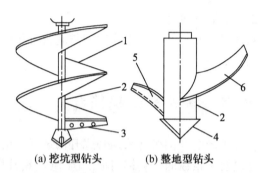

(a)挖坑型钻头　　(b)整地型钻头

1:螺旋形翼片　2:钻杆　3:刀片
4:钻尖　5:下刀翼　6:上刀翼

图4.5.2 钻头

手提式挖坑机是一种十分方便的挖坑钻孔机械,由两人或一人手提操作使用,单人背着或扛着转移工作地点,方便,安全,不受道路条件限制,可以在任何适宜植树造林的土壤条件下挖坑或钻孔。该机根据需要更换不同钻头,可以做到一机多用:配用挖坑型钻头,可通过螺旋翼片将土甩出到坑边四周,挖出直径35cm、深45cm的植树坑穴、施肥坑穴,加适当接长杆,可挖出50cm以上的深坑,用来完成特殊要求的栽植作业,亦可用来埋设园林护栏、桩栏或景观栅栏;配用整地型钻头,土可整松并留在坑内,完成园林树木松土整地。

手提式挖坑机使用时应注意以下几点:

(1)起动前,应按作业要求装配整地型或挖坑型钻头,检查紧固件和接头处有无松动,按使用说明书的要求进行技术保养和调整。

(2)起动时,先打开油门,关小阻风阀,按压加浓按钮,然后使钻头着地,一人扶机并控制油门,另一人起动。起动后开大阻风阀,减小油门,使发动机怠速运转3~5min,待发动机温度上升后,方可投入作业。

(3)作业时,操机手紧握油门手柄,加大汽化器开度,以提高发动机转速,当钻头转速稳定后,即可定点开钻。

(4)两人操作时要密切配合,下压钻机时要用力一致。否则,因阻力矩过大,平衡力矩不足,会发生甩倒操机人员的事故。

(5)工作遇阻,当钻头卡住不转时,应先停机,再扒开松土,起出钻头。否则,离合器在接合状态下打滑,会造成损坏。

(6)钻头入土后,操机手不得"撒把"让机器自行运转。

(7) 挖坑至规定深度后,应关小油门,待降低转速后,再从坑中抬出钻头,以免松土飞扬或产生"飞车"现象。

(8) 发动机每工作90min时,应停机休息一次,便于机器冷却并进行检查保养。停机前先怠速运转2~3min,然后再停机。切忌高速运转时紧急停机。

(9) 转移工位时,应让发动机怠速运转,使钻头停转,以保证安全。

4.5.2 悬挂式挖坑机

悬挂式挖坑机通过一根上拉杆和两根下拉杆悬挂在拖拉机后部。钻头的旋转有两种方式:一种是机械传动的方式,可以通过万向传动轴将动力输出轴的动力传到减速装置,而驱动钻头旋转;另一种是液压传动的方式,可由拖拉机液压系统驱动液压马达而带动钻头旋转。钻头的升降靠拖拉机悬挂系统实现。

如图4.5.3(a)所示,拖拉机后可安装一个钻头,或者同时安装两个钻头。装一个钻头时可挖出750mm×750mm(直径×坑深)的圆形孔,若同时装两个钻头可挖出850mm×450mm×450mm(长×宽×深)的长形孔,作施肥压青或种植树木用。

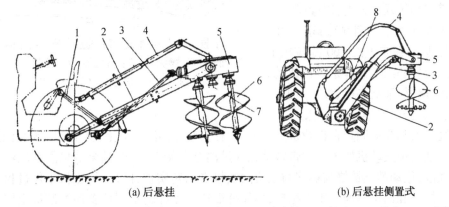

(a) 后悬挂　　　　　　　(b) 后悬挂侧置式

1:提升杆　2:下拉杆　3:万向传动轴　4:上拉杆　5:减速箱　6:钻头　7:接盘　8:升降油缸

图4.5.3　悬挂式挖坑机

如图4.5.3(b)所示是后悬挂侧置式挖坑机,这种侧置式挖坑机特别适合在城市道路或公园路上使用,拖拉机沿路面右侧行驶。工作时,拖拉机顺路面停置,钻头装置由动臂升降油缸将钻头送到车身外侧,在马路边行道树行间挖坑作业。挖坑作业完毕,钻头又在升降油缸作用下回收到轮内侧,车辆继续顺路行走,不影响交通,使用十分方便。该机备有φ450mm、φ600mm、φ720mm三种规格螺旋翼片挖坑型钻头,可根据需要选用。

4.6 其他整地机具

4.6.1 推土机

推土机是浅挖及短距离运土的铲土—运输机械。它除了能完成铲土、运土及卸土三种基本作业外,在园林工程中还可完成清理施工场地,平整场地,铲除树根、灌木、杂草以及扫雪等作业。加装各种附件还可进行其他作业,因此应用领域十分广泛,是园林工程中最常用的工程机械之一。按行走装置的不同,推土机可分为履带式和轮式两大类,以履带式居多。图4.6.1是我国生产的东方红-60T推土机,是在东方红-60拖拉机上加装推土装置和液压升降系统构成的,由推土铲、横梁、油缸支架、油缸、油泵、油管、油箱和分配器等部分组成。

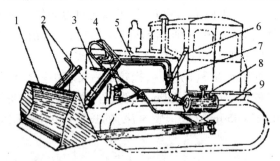

1：推土铲　2：油缸　3：油缸支架　4：油泵
5：油管　6：操纵杆　7：分配器　8：油箱　9：横梁
图4.6.1　东方红-60T推土机

油缸支架和横梁固定在拖拉机支架上,油缸安装在油缸支架上,推土铲前端与油缸活塞杆铰接。油泵由发动机的风扇皮带转动轴通过离合器带动工作,油泵输出的高压油经分配器进入油缸,推动推土铲绕其后端与横梁的铰接点回转实现升降。推土机工作过程包括铲土、运土、卸土和回位等四个工作循环,均靠分配器操纵杆的不同位置而控制推土铲升降或中立,并配合拖拉机的前进、停止或退出、调头等协调动作而完成。

推土机在使用中应特别注意以下几点：

（1）在作业中应平稳操作,尽可能避免推土机过载。推土机在铲土时很容易过载,经常过载会缩短推土机的使用寿命,也容易发生事故。

（2）要严格按照维护保养制度,按时对推土机进行保养,这是使推土机能经常处于良好工作状态的关键。

（3）应及时排除推土机在作业中出现的各种故障,这对提高机器生产率、保证作业的安全性是非常重要的。

4.6.2 挖掘机

在园林绿化树木种植地上经常需要进行挖掘沟槽、平整土地、埋设管路等小型土方工程的施工,在新建大块地上可选用工程机械中的设备,而在很多小块园林建植地上就不适用了。国内外生产商生产了一批适于在园林绿地上使用的挖掘机,一般是在小型拖拉机及园林拖拉机上安装挖掘装置,根据园林绿化作业要求进行作业。

如图4.6.2所示,LW25-0.06型液压挖掘机是我国生产的一种与小型履带式拖拉机配套的液压挖掘机。液压挖掘装置与拖拉机后部四点连接,其中上面两点是水平销轴连接,下面两点是球形铰链连接;挖掘装置的连接架上安装有操纵手柄、回转油缸、支腿及支腿油缸。挖掘装置的回转架用垂直销轴与连接架相连接,可以绕此垂直销轴回转。挖掘装置是由三个油缸与相应的臂杆组成的三组摇杆滑块机构,安装在回转架上,操纵手柄通过多路换向阀使高压油按照工作需要分别控制动臂油缸、斗杆油缸和铲斗油缸,使相应油缸的活塞杆伸出或缩回,各油缸可进行联合或单独工作,完成挖土、卸土、装载等多项工作,极大地扩展了机器的作业范围。回转架的正反转动机构由回转油缸组成,通过分配阀控制两个油缸协调动作,使回转架做160°的回转,以保证工作装置的循环作业。挖掘装置的液压系统由两个快速接头与拖拉机上的液压油输出接口相接。

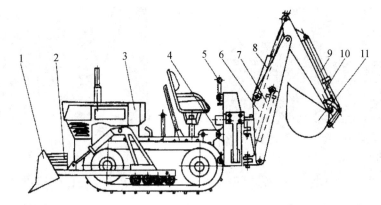

1:推土铲 2:配重块 3:拖拉机 4:四点连接机构 5:液压操纵手柄
6:动臂 7:动臂油缸 8:斗杆油缸 9:铲斗油缸 10:斗杆 11:铲斗

图4.6.2 LW25-0.06型液压挖掘机

为保证挖掘工作顺利,在拖拉机前部装上推土铲。挖掘作业前,将推土铲支于地面,并在推土铲架上装上重块,保证其工作平稳。

挖掘机的操纵系统,目前已大多采用液压操纵系统。与传统的钢丝绳操纵系统相比,液压系统具有切土力强、作业性能好、作业质量高、结构紧凑、操纵轻便等优点。

4.6.3 平地机

平地机是一种精细平整土地的机具,它的工作部件也是铲刀,但结构与推土机不同,推土机的机具(推土铲)在前,而平地机是动力在前,机具(平地铲,如图4.6.3所示)在后。且由于平地铲铲刀宽,强度比推土铲小,纵向宽度大,不能做繁重的推挖作业,只是在推土机作业后,在地表高度差不大

图4.6.3 平地铲

(300mm 左右)时进行最后的精细平整作业。

除此之外,整地机具还有后置式刮铲(图4.6.4)、刮耙机(图4.6.5)、碎土机(图4.6.6)、弹簧耙(图4.6.7)、翻新机(图4.6.8)等,它们的构造、工作与使用维护与前面介绍的整地机具基本相同。

图4.6.4　后置式刮铲

图4.6.5　刮耙机

图4.6.6　碎土机

图4.6.7　弹簧耙

图4.6.8　翻新机

案例分析

一、铧式犁耕作时不能入土

犁铧不入土的主要原因及排除方法如下:
(1)犁铧刃口磨损严重,应修理或更换犁铧。
(2)土质过硬,犁体自重不够,应更换新犁铧,调节入土角,并在犁架上加配重。
(3)没升起限深轮,应将限深轮调整到规定耕深或完全离地。
(4)上拉杆调整不当,无入土角或入土角太小,应重新调整。
(5)下拉杆限动链条拉得过紧,应放松链条。
(6)犁柱严重变形,应矫正或更换。

二、旋耕机工作时有金属敲击声

产生金属敲击声的原因有刀片固定螺丝松脱、刀轴两端刀片变形后与护罩侧板撞击、刀轴传动链条过松、万向节倾角过大等。以上现象可分别采取重新拧紧固定螺丝、修复或更换刀片、调节链条松紧度、限制旋耕机提升高度等方法予以解决。

三、圆盘耙耙后地表不平整

耙后地表不平通常是由前后耙组偏角不一致、附重不均匀、耙架纵向不平、局部耙组不转或堵塞等原因造成的。解决以上问题的措施分别是调整偏角、调整附重使分布均匀、调整上拉杆长度或调节孔位、清除堵塞等。

本章小结

常用的整地机具有悬挂犁、旋耕机、圆盘耙、开沟机、挖坑机和推土机等,双向犁是近几年兴起的新机具。本章重点介绍它们的基本构造、工作过程及使用调整的方法。整地机具一般都包括机架、工作部件、挂接装置和调节机构。

复习思考

1. 试述悬挂犁、旋耕机和圆盘耙的一般构造和工作过程。
2. 悬挂犁由哪几部分组成?主犁体各部分的作用是什么?
3. 使用悬挂犁耕地时,需要进行哪些调整?
4. 旋耕机的工作特点是什么?刀片的安装方法有哪些?
5. 圆盘耙在使用中应如何进行调整?
6. 如何正确使用与调整前置直连式单圆盘开沟机?
7. 手提式挖坑机由哪几部分组成?使用中应注意哪些问题?
8. 推土机在使用中应注意哪些问题?

第5章 园林建植机具

本章导读

了解植树机、树木移植机、切条机、插条机、起苗机、移栽机、草坪播种机、起草皮机、除根机、采种机等园林建植机械的类型、构造、工作过程及使用场合；掌握起苗机、移栽机、草坪播种机、起草皮机等正确使用与维护的方法。

5.1 植树机

植树机是造林时栽植苗木的机具。在园林绿化中主要用于营造大面积片林和防护林带。城郊片林、防护林带和隔离林带栽植的苗木一般有大苗、沙土灌木、裸根苗和容器苗，因此有大苗植树机、沙地灌木植树机、针叶树裸根苗植树机和容器苗植树机等。根据地形和土壤条件的不同，有平原植树机、沙地植树机、避让石块树根的选择式植树机等。

5.1.1 植树机的主要工作装置

苗木的栽植过程包括开沟挖穴、植苗和压实覆土等工序，要求开沟深度一致，栽植的苗木要直立，根系要舒展，并要按规定的株行距和深度进行栽植。根据苗木栽植的要求，植树机的工作装置主要有开沟器、栽植装置和覆土压实装置等。

开沟器用于在土壤地表开出一定深度和一定宽度的栽植沟，有开连续沟和开间断沟的两种。开间断沟的为挖穴铲或挖沟刀，开连续沟的开沟器结构类型有锐角箱型、钝角箱型、圆盘型和摆杆型四种，结构都比较简单。锐角箱型开沟器的入土角为锐角，即开沟器前工作面与地面的夹角小于90°，它靠植树机前进时的牵引力和自重入土，入土容易，入土性能好，结构简单、轻便，最大开沟深度为30cm，沟宽为10cm。但工作时有部分土壤升起，有使底层土壤翻到上层的乱土现象，并易被杂草和湿土堵塞，这种开沟器适于在草少的干旱地区和沙荒地带开出较深的植树沟。钝角箱型开沟器的入土角为钝角，它利用重量或压力压入土中,靠牵引力把土壤切开并向两侧推挤而形成栽植沟。为符合开沟要求,在开沟器侧板外面装有沟壁松土翼,前方常装有切土刀,适用于间隙开沟和疏松地上开小沟,最大开沟深度为25cm,沟宽约为8cm。圆盘型开沟器属钝角型,由两个球面圆盘以13°的夹角靠合而成,圆盘靠合点在前下方,上方装有挡土板,以防干土落入沟中,在圆盘中间有护苗箱,用来保护苗木不被旋转的圆盘碰伤。工作时,圆盘由于土壤阻力而旋转,不易缠草,碰到石块、树根等障碍物时,可由其上滚过,开沟规格与锐角型相同,缺点是尺寸大、结构复杂。摆杆型开沟器用于选择式植树机,安装在专用起落机构上,和油缸或曲柄式摆杆机构形成起落和摆动复合运动,并与夹苗栽植部件相互协调,配合作业。图5.1.1为上述几种类型的开沟器。

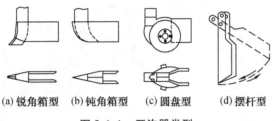

图 5.1.1　开沟器类型

覆土压实装置用于对苗根覆土,并压实土壤,使苗木根系能与土壤密切接触。一般有圆盘形、锥形、圆柱形和橡胶轮等多种形式,如图5.1.2所示。球面圆盘形能切碎和疏松沟壁,因此多与钝角型开沟器配合使用。锥形对根系两侧面和垂直方向的压实作用较好,多与锐角型开沟器配合使用。圆柱形压实作用好,覆土作用差,多与覆土板配合使用。橡胶轮因内部充气,胎形可随地面变化,不易粘土,镇压效果好。

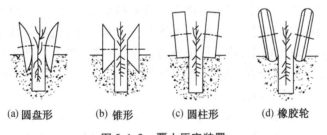

图 5.1.2　覆土压实装置

栽植装置是植树机的主要工作部件,由递苗和栽苗两部分装置组成。递苗装置是将苗木自苗箱中分出,放置在苗台上,有拨轮式和转盘式等。栽苗装置由夹持苗木的苗夹、苗夹运动机构和苗夹的夹放机构组成,有转杆式、旋转四连杆式、链条式、圆盘式和摆杆式等。苗夹从递苗台上把单棵树苗夹住,然后以预定的速度、沿规定的运动轨迹到达栽植沟的预定点上面把苗夹松开,苗木落下直立在沟里,接着镇压滚轮和覆土刮板把苗木用土压实。有的植树机不设递苗装置,由植苗员把苗木放到苗夹里,有的直接由植苗员投苗。

5.1.2 沙丘植树机

沙丘植树机为拖拉机悬挂式、双人操作、适用于荒漠丘陵及平原干旱地区的树苗栽植的机械,其特殊点是具有前开沟犁。前开沟犁有两个左右翻土式犁壁,由其焊成双壁犁体,作业时前开沟犁将地表切开,并形成犁沟,植苗开沟器在犁沟底开出栽植沟。该机开沟断面形状如图5.1.3(a)所示。

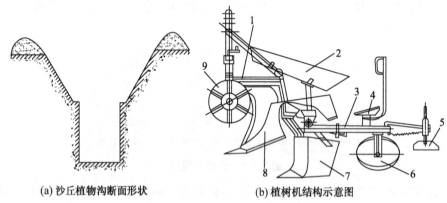

(a) 沙丘植物沟断面形状　　(b) 植树机结构示意图
1:前机架　2:苗箱　3:后机架　4:植苗员座位　5:覆土板
6:镇压轮　7:后开沟器　8:前开沟犁　9:限深轮
图5.1.3　沙丘植树机

沙丘植树机由前机架、后机架、两个座位、苗箱、限深轮、前开沟犁、后植苗开沟器、镇压轮和覆土板组成,如图5.1.3(b)所示。该机不设栽植装置,工作时先按所需沟深用手摇螺杆调节好限深轮高度,随着拖拉机的前进,开沟器进入沙土中,机架与地面保持平行。两个植苗员交替从苗箱中取出苗木,放入植苗开沟器中,沟壁的沙土自开沟器侧板边缘落入沟中,埋覆苗木根系,接着,两个斜轴圆柱滚轮把树苗两侧的沙土加以归拢压实,再由两块在树苗两旁成倒八字布置的覆土板进行覆土。

该机结构简单,操作方便,开沟深度为40~45cm和55~65cm,在沙荒地上不整地能栽大苗,所栽植苗木成活率高,每小时能植树0.8~1公顷。国内产的沙丘植树机有4ZA-45B型和4ZA-60B型等。

5.1.3 选择式植树机

如图5.1.4所示为选择式植树机的结构示意图。该选择式植树机采用3个液压缸控制苗木的栽植,其栽植装置为摆杆式。摆杆又称植苗杆,其上部安装有苗夹和苗夹的夹放机构,上端与液压缸活塞杆铰连,下端固定安装挖穴铲,距离上端一段距离与摆杆支架铰连,这个铰连支点也是植苗杆摆动的中心。整机悬挂在拖拉机上,并由拖拉机动力驱动油泵给三个液压缸提供压力油。第一液压缸通过控制摆杆支架的升降,与铰连在摆杆上端的第二液压缸一起控制摆杆的运动;第三液压缸控制深度控制架的位置。

该选择式植树机由一个植苗员操作。工作时，植苗员利用脚踏板控制第一、第二液压缸的油路，先使摆杆水平处于座位旁，再从苗箱中把树苗放到摆杆上的苗夹中，苗夹的夹放机构使苗夹把树苗夹住。然后，植苗员再用脚踏板使第一液压缸的推杆伸长，使摆杆支架下降，直到摆杆支架被深度控制架挡住。接着，第二液压缸的推杆向外推出，推动摆杆绕支点做逆时针方向转动，使摆杆一直转到垂直位置。在摆杆向垂直位置转动的过程中，随着拖拉机的前进，摆杆下端的挖穴铲挖出栽植沟，与此同时，苗夹被松开，树苗植于沟穴中。这时，植苗员放松脚踏板，第一液压缸的推杆缩回，将摆杆自地中垂直提起，然后第二液压缸的推杆缩回，使摆杆又回到原来水平的位置。

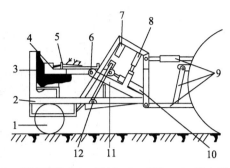

1：压实滚轮　2：机架　3：座位　4：挖穴铲
5：苗夹及其夹放机构　6：摆杆　7：深度调节
液压缸（Ⅲ）　8：摆杆支架控制液压缸（Ⅰ）
9：悬挂架　10：摆杆控制液压缸（Ⅱ）
11：摆杆支架　12：深度控制架

图 5.1.4　选择式植树机

这种选择式植树机由于采用液压缸控制摆杆摆动挖穴方式，植苗员可以经常控制摆杆的动作。在苗木栽植过程中，如碰到石块等障碍物时，植苗员可以放松脚踏板，迅速将摆杆提起，越过障碍后再进行栽植，可以很方便地选择栽植点。并且，由于栽植装置的苗夹不做圆周运动，机架可以缩短，因而所栽植苗木规格的范围大，适应性广，可以栽植较大的苗木。

5.1.4　容器苗植树机

容器苗植树机是高效栽植容器苗的机械。随着工厂化容器生产的发展，手动颚式容器苗栽植器已不能完全满足要求，各林业发达国家陆续研制了各种容器苗植树机。

容器苗植树机的栽植装置不需要有苗夹及其夹放机构，也不需要使苗夹按一定速度和一定轨迹运动的机构，其栽植装置比较简单。一般都有筒形容器苗导管，其上端是放容器苗的漏斗，下部有挡板，挡板由开沟器或挖穴器控制。开放挡板，容器苗就从导管落到沟穴中，进行覆土压实后就完成了栽植。

如图 5.1.5 所示为一种无植苗员的容器苗植树机示意图。该机以拖拉机为底盘，紧靠驾驶室安装转柱起重机，其起升钢丝绳由单筒绞盘机驱动，起重臂的旋转由人工手拉控制，用来起吊多个容器苗盘。容器苗盘一层一层叠放在平板车厢里，由层叠机构进行排放。平板车厢铰连安装在拖拉机车架和植树机的机架上，它与车架之间有隔振缓冲装置，平板车厢里有容器苗盘自动传送机构和递苗机构。植树机由栽植装置、容器苗导管、开沟器、限深轮、镇压轮和空容器苗盘集装箱组成，悬挂在拖拉机上。

这种容器苗植树机有可植单行树苗的，也有可植双行的，自动化程度较高，满载容器苗盘后，栽植时不需要植苗员操作，栽植效率高。

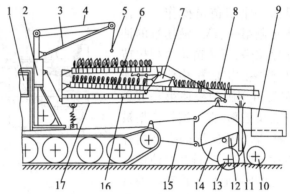

1：拖拉机 2：转柱 3：起重臂 4：钢丝绳和滑轮组 5：吊环 6：容器苗盘 7：摇臂
8：传送机构 9：空容器苗盘集装箱 10：镇压轮 11：容器苗导管 12：栽植装置
13：开沟器 14：限深轮 15：悬挂器 16：层叠机构 17：平板车厢

图 5.1.5 容器苗植树机

5.2 树木移植机

  树木移植机是用于树木带土移植的机具。树木带土移植是将选定的树木或大苗,从生长地带土球移植到园林绿地规划栽植点的一项系统作业,它需经过挖土球、包扎、起树、运输、挖栽植坑、栽植、浇水等一系列作业,进行手工作业时,劳动强度大、安全性差、质量不能保证。使用树木移植机则可以一次性完成全部或大部分树木带土移植的作业。在城市园林绿化工程中,往往要求移植比较大的树木,特别是城市重要位置的绿化、乔灌木的栽植造景,要求效率高、见效快,树木移植机成了重要的技术装备。

  树木移植机按底盘结构分成车载式、特殊车载式、拖拉机悬挂式、自装式等,如图 5.2.1 所示。车载式树木移植机以载重汽车为底盘,安装有倾倒机构、升降机构、切土机构、锁紧装置、液压传动系统等,可移植土球直径 100～160cm、树木径级为 12～20cm 的常绿树,可进行较长距离的运输。特殊车载式以具有升降机构的特殊车辆,如侧面叉车以及翻斗车等为底盘,安装切土机构、锁紧装置、放置机构、液压传动系统等,可移植径级约为 12cm、土球直径 100cm 以下的树木,一般只进行近距离的树木带土移植。拖拉机悬挂式以轮式拖拉机为底盘,安装切土装置、锁紧装置、升降机构、液压传动系统等,可移植径级 10cm 以下、土球直径 80cm 左右的树木,一般用于在园林苗圃进行大苗的带土移植或带土起苗。自装式树木

  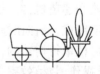 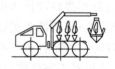

(a) 车载式   (b) 特殊车载式   (c) 拖拉机悬挂式   (d) 自装式

图 5.2.1 树木移植机类型

移植机以带有液压起重臂的自装集运车为底盘,切土装置和锁紧装置等组成的工作头铰连安装在臂架端头,可移植径级6cm左右、土球直径80cm以下的树木,挖下的带土球树木安置在装载架里,一次能运输6~8棵树木。

5.2.1 车载式树木移植机

车载式树木移植机由汽车底盘、切土机构、升降机构、倾倒机构以及液压传动系统组成,具体结构如图5.2.2所示。车载式树木移植机都为铲刀式。

一、切土机构

在铲刀式树木移植机中,切土机构是树铲机构,是树木移植机的主要工作装置,也是其特征的代表,它起着切出土球和在运移中作为土球的容器而保护土球的作用。树铲机构由铲刀、切土液压缸、铲轨以及框形底架和底架的开闭机构、锁紧机构、开闭液压缸等组成。该树木移植机树铲机构的底架是一个八角形框架,在底架上对称地直立了四根铲轨,四把铲刀安置在各自的铲轨上。铲刀有曲面铲和直铲两种,曲面铲包容的为半圆球体,土球体积大;直铲包容的为圆锥体,土球体积较小。车载式树木移植机是大型机,一般采用曲面铲。曲面铲刀的铲轨应与曲面相符,铲刀通过滚轮安置在铲轨上,在切土液压缸的作用下,铲刀可沿铲轨上下移动,如图5.2.3所示。框形底架有两个边是活动的,在开闭液压缸的作用下可以开闭,以便在起树前能让树木进入到八角框架里面。这两个活动架的接合端部还设置有锁紧机构,使活动架合拢后不会因受外力而自行张开。在框架内侧还装有两个调平垫,分别由两个液压缸独立控制,当在凹凸不平的地面上作业时可以用此来调整框架的水平程度,并进行对中以保证起树质量。此外,调平垫还能调节土球直径的大小和压住土球,使土球的土不致在运输或栽植过程中散落。

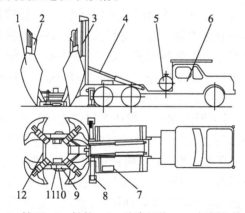

1:铲刀 2:铲轨 3:升降机构 4:倾倒机构
5:水箱 6:汽车底盘 7:操纵阀 8:支腿
9:框形底架 10:开闭油缸 11:调平垫 12:锁紧装置

图5.2.2 车载式树木植树机

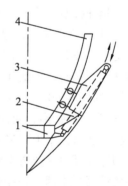

1:底架 2:切土液压缸
3:树铲 4:铲轨

图5.2.3 铲刀结构

二、升降机构

升降机构由门架、导轨和升降液压缸组成,其作用是使树铲机构整体能沿门架上的导轨升降。在起树前使树铲机构下降放在地面上,待树铲机构把被移植树木围在框架中央,锁紧框架,并完成切土动作后,升降机构就把树铲机构连同包容的带土球树木一起往上提升,完成起树作业。由于门架下端是铰连在车架上的,在升降机构工作期间,门架的直立状态由倾倒机构的液压缸支撑。

三、倾倒机构

倾倒机构主要由倾倒液压缸组成,其作用是使提升到一定高度的树铲机构连同树木倾倒一定角度,靠放在底盘车架上,以便运输。在车载式和悬挂式树木移植机上都设置倾倒机构,在自装式树木移植机上一般都用液压起重臂代替升降机构和倾倒机构,直接由液压起重臂把带土球的苗木放置在专用的集装车箱内运输。

四、液压传动系统

液压传动系统由四个树铲液压缸、一个升降液压缸、两个倾斜液压缸、两个开闭液压缸、两个调平液压缸、两个支腿液压缸组成。油缸的压力油由汽车动力驱动液压泵供给,通过12个手动液压控制阀操纵液压缸完成树木移植机作业时的所有动作。

此外,在车载式树木移植机上还有支腿机构和润水装置。支腿用于铲树和起树时增强整机的稳定性,由两条支腿和两个支腿液压缸组成,支腿安装在汽车底盘后部两侧,在液压缸作用下,支腿可放下支撑在地面上。润水装置用于在下铲时用水润滑铲面,以使土壤松软,减少下铲阻力。

美国的 BIGJOHN 树木移植机和国产的 2ZS-150 型树木移植机都是车载式的,它们在结构上基本相似。2ZS-150 型车载式树木移植机可挖土球直径达 130~150cm,土球深度达 100~105cm,可移植的树木径级达 18cm。

车载式树木移植机作业时,在挖掘树木的地点先注意附近的地形、树木及公共设施状况,再选择好进入工作位置的方向。起动液压系统后,操纵倾斜液压缸控制阀手柄,使升降机构的门架直立,开启树铲机构底架的锁紧机构打开活动框。然后调整车位,使被移植的树木围在框架中间,用开闭液压缸闭合活动框架并锁紧。放下支腿撑住地面后,操纵升降液压缸控制阀手柄,使树铲机构底架放置在地面上。操纵倾斜液压缸和调平液压缸使树铲组的垂直轴线和树木的中心线基本重合,使底架处于水平状态。操纵相应的树铲液压缸控制阀手柄,使树铲按 1、3、4、2 的顺序依次切土。若树铲切土困难,可提升 30~50cm,打开润水装置的阀门,使水润滑铲壁并软化土壤,润水后再继续切土。当所有树铲都切入土中处于最低位置时,操纵升降液压缸控制阀手柄,由升降机构把树铲机构连同包容在其中的带土球的树木向上提升。树铲离开地面后,操纵倾斜液压缸,使树木和树铲机构一起平卧于汽车架上,然后收起支腿,把带土球树木运到栽植坑附近。机器停在栽植坑旁后放下支腿,操纵倾斜液压缸和升降液压缸,使树木处于直立状态后,将树铲机构降到坑内,然后分别操纵树铲液压缸,将树铲离开土球——提升,使土球置于坑内,并沿土球边沿浇一圈水。开启锁紧装置,打开活动框架,机器离开栽植的树木后,整理好树铲机构,并将其放置在车架上,然后脱开动力输出轴,树木移植机离开栽植点,进入下一工作循环。

为提高工作效率,栽植点的栽植坑可由该树木移植机挖掘。先挖好一个坑,把土球放在一边,然后到被移植树木处挖出带土球的树木运到栽植点,把带土球的树木放进预先挖好的栽植坑,然后再挖好另一个坑。这样每个工作循环有序地进行,充分发挥了车载式树木移植机一次完成挖坑、挖带土球树木、运输、栽植的优点,效率高,成活率高,特别适用于城市道路两旁、住宅小区、庭院及公共绿地大中型树木的移植。

5.2.2 拖拉机悬挂式树木移植机

4YS-80型树木移植机是国内早在20世纪80年代中期研制的拖拉机悬挂式树木移植机,它由悬挂架、底架、树铲机构、液压系统组成。可悬挂在37~59kW的通用农业拖拉机上,主要适用于苗圃内针叶树大苗带土球起苗和移植作业,也可用于公路两旁的树木移植工程,是一种实用的起苗移植机构。

树铲机构的底架是该机有特色的首创结构件。虽然底架也有八边形框架,但是一边是无框架而开口的,与开口边对着的一边框架与悬挂架联结,其他七个边可围住四把铲刀,在框架上固定竖立的树铲导轨。由于底架是固定开口的,既省去了底架的开闭机构和锁紧装置,大大简化了整机结构,也省去了每次作业前后开闭框架和锁定或开启端口锁紧装置的操作,简化了树木移植机的操作程序。

树铲机构也是由底架、切土液压缸、铲刀和导轨组成的。铲刀为直铲形,与其相符的导轨也是直线形,铲刀的铲柄部分安装有滚轮,与导轨相配合。切土液压缸安置于导轨和铲刀之间,液压缸的端部与底架铰连,液压缸活塞杆与铲柄铰连。在液压缸作用下,铲刀通过滚轮可以沿导轨运动,以实现铲刀切土和提升的动作。

树铲机构的升降由拖拉机液压悬挂机构的升降来实现。液压系统的液压泵由拖拉机动力输出轴驱动,液压控制阀的整体操纵板块是可拆卸的,安置在驾驶室内或驾驶台边上。

4YS-80型悬挂式树木移植机能挖掘的土球直径为80~90cm,土球高度为60~70cm,单铲最大下铲力为26kN,液压系统工作压强为10MPa,在园林苗圃起带土球大苗,每小时能起20~30棵。该机结构新颖简单、造价低、拆装方便、能悬挂在苗圃几种通用拖拉机上,其动力由拖拉机供给,操作全部实现液压化,与苗圃的手工作业相比,生产率高6倍以上,成本降低1倍,移植的苗木成活率达100%,是苗圃起带土大苗及城市防护林带和隔离林带大苗栽植和移植的理想机型。

5.2.3 单铲式树木移植机

单铲式树木移植机按铲刀结构可分为U形铲刀式和弯铲式两类。

一、U形铲刀式树木移植机

U形铲刀式树木移植机由悬挂机构、挖掘装置、支撑板、双壁杠杆、滑脚、开口机架、起重臂等组成,如图5.2.4所示。

U形铲刀式树木移植机用半悬挂方式与履带拖拉机连接,连接架长杆一端与拖拉机机架纵梁铰接,连接架后部与开口机架铰接,并通过吊杆与提升杠杆连接,提升杠杆由拖拉机的动力液压缸操纵。

该移植机的工作部件是一个可水平移动的U形铲刀,U形铲刀由两把侧刀和一把底刀组成。铲刀后部装有可替换的承装箱,承装箱靠在限位板上,铲刀可沿着开口机架的轨道滑

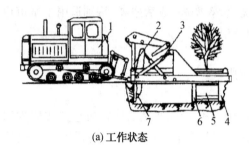 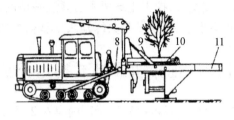

(a) 工作状态　　　　　　　　　　　　　(b) 运输状态

1：拖拉机　2：起重臂　3：双臂杠杆　4：U形铲刀　5：承装箱　6：限位板
7：支撑板　8：连接架　9：支撑板液压缸　10：纵向进给液压缸　11：开口机架

图5.2.4　U形铲刀式树木植树机

动，由纵向进给液压缸推动铲刀前进或后退。为了在工作时使整机保持平衡，实现有效掘进，移植机设有支撑板，当移植机置于预先挖好的定位坑后，由液压缸拉紧支撑板双臂杠杆一端，支撑板压紧在坑壁上，以建立一个可靠的支撑点。

该机在短距离运输时需要放下滑脚，而在工作时又要收起滑脚，由液压缸操纵实现滑脚的升降。在开口机架上安装有起重臂，可在液压缸作用下起吊挖出的带土树木。

U形铲刀式树木移植机在工作时，需先用辅助机具在离目的树木一定尺寸处挖出一个定位坑，然后由拖拉机将工作部件降至坑底。双壁杠杆将滑脚收至与机架平行位置，操纵油缸使支撑板压紧在坑壁上。U形铲刀的纵向进给液压缸推动铲刀切削树根周围的土壤，并将带土树木装入承装箱内，然后操纵液压缸放松支撑板，并使纵向进给液压缸把铲刀机构连同带土树木移向开口机架的左边。在完成铲切工作以后，拖拉机一面前进，一面提升连接架，当处于和机架平行位置的滑脚到达坑边缘时，操纵液压缸使滑脚撑在地面上，将铲刀机构连同带土树木承装箱从坑内抬出，移植机处于运输状态，带土树木可以异地栽植或转运出去。

该机可切 80cm×100cm×130cm 的土团，挖掘一棵树平均耗时10min，属于大型机。还有小型的U形铲刀式树木移植机，铲刀机构设置在小型拖拉机前方，由液压马达通过减速装置带动U形铲刀转动，切入土壤完成树木挖掘工作，土球直径50cm。该机外形尺寸小、结构紧凑、行动方便、挖掘速度快，适于在林地中选择挖掘带土苗木。

二、弯铲式树木移植机

弯铲式树木移植机安装在轮式拖拉机的前部，由横梁、动壁挖树弯铲和支臂组成，其结构类似前置式装载机，挖树弯铲代替了铲取物料的铲斗。

挖树弯铲由两个侧板和与地面成一定角度的底板构成，底板的前部镶有刀片。两侧板均有加强肋板，以增加结构件刚度；两侧板上部加宽构成箱形断面，并开有销轴孔，以便安装与转铲液压缸活塞杆相铰接的销轴，转铲液压缸的另一端铰接于动臂前端的支架上。

弯铲式树木移植机工作时，由动臂液压缸将动壁下降至一定高度，同时转铲液压缸活塞杆伸长使铲刀底部与地面成一定角度。这时拖拉机前进，利用拖拉机的推力将铲刀切入树根底部，接着转铲油缸活塞杆收缩，铲刀绕支壁下端的支轴转动，或松动、或抬起土团，此时动臂也可配合动作，帮助挖掘。若在一侧不能将带根土团挖出，可在另一侧重复上述过程。

该弯铲式树木移植机只适合在土壤疏松而深厚的地方挖小树，并且需要起重设备及运输工具协助装运，对于树木的挖掘移植很不方便。

5.3 切条机

切条机是将充分木质化而且发育良好的苗干或枝条,截制成一定规格和要求的插穗的机具。不同树种、不同地区的插穗规格和要求不完全相同,大多数插穗的长度为 10~20cm,径粗为 0.8~2cm,每根插穗上应保留有 3~4 个芽苞,有的还要求插穗的第一个芽苞能在离顶端 1~2cm 处,以便能更好地萌发。对切条机的作业质量要求是:插穗的切口要平滑,不破皮、不劈裂、不分芽。

切条机按切割方式分为锯切式和剪切式两类。

5.3.1 锯切式切条机

锯切式切条机采用高速圆锯片切割插穗,结构简单,使用面很广,表 5.3.1 列出了部分常用的锯切式切条机的技术性能参数。

表 5.3.1 部分常用锯切式切条机技术参数

型号		QT-25 型切条机	QT-2 型切条机
外形尺寸(长×宽×高)/(mm×mm×mm)		760×520×880	1400×600×1015
工作台面积(长×宽)/(mm×mm)		580×460	1400×600
工作台移动范围/mm		240	固定工作台
锯片数/片		1	2
锯片转速/(r·min^{-1})		5160	2900
锯片规格(外径×孔径×厚度)/(mm×mm×mm)		250×25×1.4	250×30×2.5
最大切割直径/cm		7	—
切割插穗长度/cm		自由调节	10~13
生产率/(万根/台班)	单根选芽	—	4~6
	成捆切割	15	12~8
操作人数/人		2	4
重量/kg		45(不计电机)	107
电动机功率/kW		1.5	1.5

QT-25 型切条机由电动机、圆锯片、移动式工作台等组成。操作时将苗干单根或成捆置于工作台的切割槽内,以一侧的定位挡片确定切割长度,然后推动工作台沿滑槽向圆锯片进给进行切割,切割完成后工作台靠回位弹簧返回原位。QT-2 型的工作台是固定的,靠手持单根或成捆苗条进给进行切割,其工作头为双头,有两组圆锯片,可由两组人员同时工作。

5.3.2 剪切式切条机

剪切式切条机的工作装置由动刀片和定刀片组成,定刀片为贴,动刀片在其上做往复运动完成剪切动作。动刀片由电动机驱动,经减速后通过曲柄连杆机构带动动刀片做往复运动,一般切条机每分钟剪切60~80次。剪切长度,即插穗长度由标尺和挡块控制,可以调节。有的切条机还可自动选芽,吉林省生产的一种自动选芽切条机就是为满足"插穗第一个芽苞距顶端1~2cm"的技术要求设计的。该机采用回转的六片选芽块,并配以微动开关,使其能发出选芽信号,以控制剪切式切条机的间歇动作,从而完成自动选芽切条作业。自动选芽切条机的主要技术参数如下:

插穗长度(可调):10~25cm
插穗直径:0.5~2.5cm
选芽器转速:3.7r/min
电动机功率:0.4kW
生产效率:2.8万根/台班
插穗合格率:95%
外形尺寸:70cm×42cm×90cm

5.4 插 条 机

插条机是将插穗按规定深度和株行距植入土中的机具。按林业技术要求,扦插育苗的作业方式主要采用垅作和平作。目前使用的插条机主要是栽植式插条机,与植树机和移栽机的结构很相似,它由开沟、分条、投条、覆土、压实等工作部件构成。其工作原理为:按规定的行距开出窄沟,在沟内等距投入插穗,然后覆土、压实。分条机构是插条机的关键部件,其技术要求是能将贮放在苗箱内的插穗顺序单根排队,并连续准确地递给投条装置。由于插穗存在直径和弯曲度等方面的差异,要实现快速自动单根排队难度较大,目前采用比较多的结构类型有槽带式和外槽轮式两种。前者分条基本可靠,但结构尺寸较大;后者结构紧凑,但操作较紧张,分条时易产生缺漏。这两种分条机构在运行时,对拖拉机的前进速度均有严格要求,为确保分条质量,其前进速度必须不大于2km/h。表5.4.1列出了4种国产插条机的技术性能参数。

另外,在实际生产中也有采用苗卷式移栽机进行插条作业的。插条前要先采用专用的卷苗机,将插穗单根、等距分置在双层苗木带之间,卷成苗木卷,然后装到移栽机上。移栽机作业时,通过橡胶圆盘,从同步释放的苗木卷中夹持插穗,投入到由开沟器开出的窄缝中,再覆土压实。这种用移栽机进行的插条作业,虽将分条和插条作为两道工序进行,但插条时的拖拉机作业速度可以提高到2~3km/h,生产效率比较高,作业质量也比较好。

表 5.4.1　部分国产插条机的技术性能参数

型　号		CT－2	CT－4	4C－2	CT－4(牡丹江)
外形尺寸（长×宽×高）/(mm×mm×mm)		2400×1600×1590	1750×1800×200	2460×990×755	—
插条行数/行		2	4	4	2	4
垄距或行距/cm		70　　80	40	18(单垄双行)	50～150
株距/cm		8、10、20	11、14、18	10～18	10～70
插穗规格/mm	长度	120	160	135	120～200
	直径	6～12、8～16、12～20	5～15	7～14、10～18	8～18
分条机构型式		槽带式	外槽轮式	外槽轮式	人工分条
插条机构型式		自由落体	橡胶圆盘	橡胶圆盘	投苗圆盘
重量/kg		310	450	220	—
作业速度/(km·h⁻¹)		0.7～1.4	2	1.3～2	0.5
操作人数		3　　5	5	3	5
生产效率/(亩/台班)		12	15	6	20(行距70cm时)

5.5　起　苗　机

　　起苗机是苗木出圃时用以挖掘苗木的机械。起苗质量的好坏直接关系到苗木出圃后造林的成活率,因此对起苗机有严格的技术要求:起苗深度必须保证苗木根系的基本完整,根系的最低长度要达到国家标准对有关树种苗木质量的规定值,一般针叶树造林苗的根系长度要达到20cm以上,2～3年阔叶树苗的根系长度要达到30cm;作业时要尽量少伤侧根、须根,不折断苗干,不伤顶芽;起苗株数损伤率,针叶树不超过1%,阔叶树不超过3%。

5.5.1　起苗机的一般构造

　　起苗机有拖拉机悬挂式和牵引式两种,以悬挂式居多,悬挂式起苗机由起苗铲、碎土装置和机架三部分组成。
　　起苗铲是起苗机的主要工作部件,它完成切土、切根、松土等作业,有固定式和振动式两种结构类型。
　　固定式最常用的是U形起苗铲,如图5.5.1所示。它在一个底刀刃和两侧的侧刀刃的共同作用下切开土垡,切断主根和侧根,底刀后部的抬土板则可使土壤抬起落下,以疏松苗木根部的土壤。底刀刃一般做成斜刀刃,对草根具有滑切作用,以减少草根缠刀现象。固定式起苗铲的结构简单,因此使用很广,但其工作阻力比较大,消耗功率比较多。

振动式起苗铲由振动刀片、吊杆、曲柄连杆机构等组成,振动刀片为一平面刀片,用四根平行吊杆吊在机架上,利用曲柄连杆机构带动做往复运动。由于振动刀片的切土运动是拖拉机的前进运动和曲柄连杆机构的往复运动两者的合成运动,所以切土后的地面是锯齿状的。这就要求振动式起苗铲的起苗深度,要比固定式的深一些,这样才能满足苗木根系长度的要求。振动式起苗铲的优点是工作阻力小,不粘土,松土性能也比较好,但结构比较复杂,制造成本比较高。

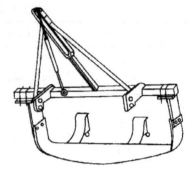

图 5.5.1　固定式 U 形起苗铲

碎土装置用于抖落苗木根部的土壤,便于苗木的收集和包装,它安装在起苗铲后部,有杆链式、振动栅式、旋转轮式等结构型式。

杆链式碎土装置由用链条联接在一起的横杆组成,如图 5.5.2 所示。为了加强抖土作用,常采用椭圆形链轮来带动链条做抖动运动。作业时,拖拉机的动力输出轴驱动链轮向后旋转,链条即带动横杆一起做上下抖动。当起苗铲掘起的带土苗木进入输送带后,即被往后方输送,并在链杆的抖动中清除苗木根部的土壤。这种碎土装置的碎土性能比较好,但在使用中一定要注意调节好输送链和拖拉机的速度。一般情况下,输送链的线速度以拖拉机前进速度的 1.3～1.6 倍为佳,输送链速度太小会产生苗木堆积现象,太快则会影响碎土性能。

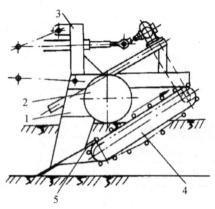

1：起苗铲　2：限深轮　3：悬挂架
4：杆链式碎土机构　5：托板

图 5.5.2　杆链式碎土装置

振动栅式碎土装置是在起苗铲后部安装纵向栅条板,拖拉机动力输出轴输出的动力,经曲柄连杆机构驱动栅条板做上下振动,从而抖落苗木根部的土壤。这种碎土装置结构比较简单,其振动频率一般为 360～480 次/min,振幅为 7～14cm,可以根据土质和苗木状况进行调节,以取得最佳的碎土效果。

旋转轮式碎土装置是在起苗铲后部安装旋转碎土轮,如图 5.5.3 所示。碎土

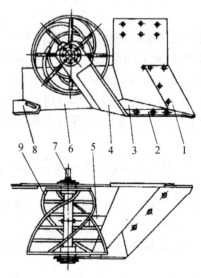

1：主侧刀　2：底刃刀　3：底刀体　4：副侧刀
5：延长板　6：地侧板　7：轮轴　8：犁踵　9：碎土轮

图 5.5.3　旋转轮式碎土装置

轮为圆柱形或圆锥框条形,直径一般为 300~500mm。碎土轮由拖拉机动力输出轴通过变速箱和万向联轴器驱动旋转。起苗时由起苗铲掘起的流动土垡,经碎土轮在下部回转击打,将苗木根部的土块打碎,苗木被抛落在地表,再由人工拣拾、分级、打捆。作业时,碎土轮的转速可按下式计算确定:

$$n = 16.7 \frac{Kv}{\pi D}$$

式中:n——碎土轮转速(r/min);
v——机组行驶速度(km/h);
D——碎土轮平均直径(cm);
K——碎土系数,取 4~8,土壤粘重、苗木为大苗取大值,反之取小值。

5.5.2 起苗机的使用

(1)起苗铲的刃口应保持锐利,若刃口厚度超过 0.5mm 或多锈时,应及时磨修。

(2)起苗前应使起苗铲对准苗行,在距离苗床 1~1.5m 时,降落起苗铲。开始工作后,及时检查挖苗深度和机组行进的直线性,必要时停机调整。

(3)当拔苗费力或有拉断根系现象时,应增大碎土角。若土壤疏松,碎土角可适当调小,以减小阻力。

(4)拖拉机在转弯或转移作业点时,应将起苗机提升到运输位置。

5.6 移 栽 机

5.6.1 移栽机的类型、结构及工作

移栽机是用以移栽小苗的机具。小苗移栽是苗圃将小苗从苗床或将容器苗从温室移植到大田,并在大田培育成大苗的重要工序,以往主要靠手工作业,劳动消耗量大。目前已研制成多种移栽机具,但所有移栽机的栽植原理全部采用开沟—投苗—覆土压实的工艺,只是投苗机构不同带来性能上的差异。常见的移栽机有四种类型。

一、导苗管式移栽机

导苗管式移栽机主要由喂入器、导苗管、扶苗器、开沟器和覆土镇压轮等组成,如图 5.6.1 所示。作业时,操作人员进行人工分苗后,将小苗投入喂入器的喂入筒内。当喂入筒转到导苗管的上方时,喂入筒下面的活门打开,小苗靠重力下落到导苗管内。通过倾斜的导苗管将小苗引入到开沟器开出的苗沟内,在栅条式扶苗器的扶持下,小苗呈直立状态。然后在开沟器和覆土镇压轮之间形成的覆土流的作用下,进行覆土、镇压,完成栽植过程。

该机的特点如下:

（1）适应范围广，采用单组组合式结构，能与各种大、中、小型轮式拖拉机配套，可方便地配置成六行、四行、二行等机型。

（2）既可用于容器苗，也可用于裸根苗。

（3）栽植质量比较好，合格率达93%以上。

（4）调整方便，株距、行距、栽植深度均可方便调节。

二、挠性圆盘式移栽机

挠性圆盘式移栽机是一种使用较早、结构比较简单的栽植机具，它利用两个圆盘的挠性变形来夹苗、送苗，并在栽植点松脱定植。挠性圆盘可用橡胶制成，利用压滚将两个橡胶圆盘的外周压靠在一起。橡胶圆盘由传动机构带动旋转，其外圆周的线速度与机器的前进速度相等，但方向相反。在放苗和栽苗的位置装有分盘滚，将两个靠合的橡胶盘分开。

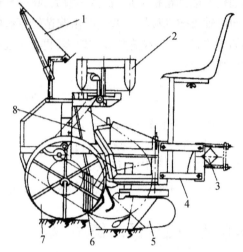

1：苗架 2：喂入器 3：主机架 4：四杆仿形机构
5：开沟器 6：扶苗器 7：覆土镇压轮 8：导苗管

图 5.6.1 导苗管式移栽机

工作时，在放苗位置附近两个橡胶盘被分盘滚打开，植苗员将小苗放在两个圆盘之间，转过分盘滚后，圆盘靠合，将小苗夹紧；转到栽苗位置后，圆盘又被分盘滚打开，放开小苗，将小苗植于植苗沟中。这种栽苗装置结构简单，栽植株距可以任意改变，但往夹苗点放苗时间短暂，人工分苗工作紧张，易产生漏苗，作业时要求拖拉机超低速行驶。

三、苗木卷式移栽机

使用苗木卷式移栽机需先在室内用卷苗机将苗木单根等距分置在专用的苗木带上，卷成苗木卷，再到栽植现场安装到移栽机上，移栽机再通过橡胶圆盘栽植机构进行夹苗、送苗和投苗。这种移栽机可进行小株距移栽，拖拉机可常速行驶，生产效率比较高，与拖拉机配套方便；但需两道工序作业，机构也比较复杂。这种移栽机也可用于插条作业。

四、苗夹式移栽机

苗夹式移栽机的栽植机构由弹簧苗夹、转盘、滑道等组成，弹簧苗夹安装在转盘上，与转盘一起旋转，其圆周线速度与拖拉机前进速度相等，但方向相反，以保持在栽植点的相对速度为零，使苗木能呈直立状态。弹簧苗夹由两个可以开闭的叶片组成，借扭簧的作用使其在平时是闭合的，当通过滑道时即被打开，用以栽植和往苗夹中放苗。其结构型式有苗夹常闭式和常开式两种，以常闭式的使用较广。常闭式的苗夹在放苗点是被滑道打开的，过了放苗点即在弹簧弹力作用下关闭，将苗木夹紧，当转至栽植点时，又被滑道打开，苗木垂直落入栽植沟，被覆土镇压轮覆土、压实，完成移植作用，如图 5.6.2 所示。

苗夹式移栽机是使用比较普遍的一种移栽机，它还可进行植树作业。其优点是投苗准确，栽植质量比较好，往苗夹放苗的时间要求不是很严，不易漏苗；但结构比较复杂，机组要求超低速行驶，必须与具有超低挡的拖拉机配套。

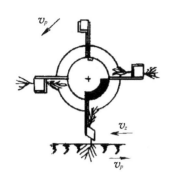  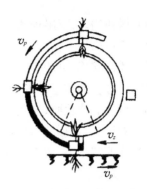

(a) 苗夹常闭式栽植机构　　　　(b) 弹簧苗夹　　　　(c) 苗夹常开式栽植机构

图 5.6.2　苗夹式移栽机的栽植机构示意图

5.6.2　移栽作业的注意事项

（1）作业前,除做好一般的调整保养工作外,应按规定的株行距安装好栽植机构各有关组件。

（2）为保证邻接行距一致,机组上应安装划印器。

（3）工作中应对株行距、栽植深度、覆土镇压程度等进行及时检查,如不符合要求,应停机调整。

（4）栽植结束后,应及时进行技术保养。

5.7　草坪播种机

草坪建植的方法有多种,包括播种、铺草皮、栽草丛、撒草茎等,因建植方法的不同对草坪建植机械要求就不同。但无论是移植草皮还是栽草丛,都必须首先通过播种来建植草坪。由于种子比较小,草坪的播种一般都使用专用的播种机。

5.7.1　概述

一、播种机械的分类

（1）按照播种的方式来分,可分为点播、撒播和喷播。

（2）按牵引的方式来分,可分为背负式、手推式和机引播种机等。

（3）按综合利用程度来分,可分为专用播种机、补播机和施肥播种机等。

二、对播种机械的要求

由于种子较小、质量轻,因此播种难度大,对播种机要求较高。

1. 撒播机

对撒播机的要求主要有以下几点：

（1）播种均匀，不出现漏播、重播现象。
（2）不损伤种子。
（3）播量准确、可调。
（4）适合多品种草种的混合播种。
（5）可以兼施化肥，实现一机多用。
（6）对风力、地形的适应性强。
（7）作业效率高、质量可靠、调整和维护方便。

2. 喷播机

对喷播机除上述要求外，还有如下要求：
（1）喷播范围大、射程远。
（2）移动轻便、灵活。
（3）喷播液中含有杀虫剂等药物及营养肥料，并带有颜色以保证不漏播和重播。

5.7.2 构造及工作过程

一、点播机

点播机靠种子或化肥颗粒的自重下落进行播种，也称跌落式播种机，一般有手持式和推行式两种。图 5.7.1 所示为手持式点播机，工作时用人力把播种锥插入地下，搬动把手打开排种活门便可将种子箱中的种子靠自重播入地下。推行式点播机如图 5.7.2 所示，它是由行走轮直接驱动种子箱底部的拨料辊转动将种子拨出，播量由底部的间隙来调整。

图 5.7.1　手持式点播机

图 5.7.2　推行式点播机

二、撒播机

撒播机的排种器为离心式排种器，这是草坪播种机应用最广泛的排种器，其结构如图 5.7.3(b) 所示。机构中有一个可高速旋转的圆盘，圆盘上部有四条齿板，种子箱内的种子通过排种口落到圆盘上的齿板之间，在驱动机构的驱动下，圆盘高速旋转，种子随圆盘一起转动，在离心力的作用下种子不断沿径向由内向外滑动。当种子脱离圆盘后，继续沿径向运动，并在重力作用下下落，由于受到空气阻力的作用，在空中散开，均匀洒落到地表（播后通过耧耙使土壤覆盖种子）完成播种过程。

种子箱底面的排种口有种量调节板，松动紧固螺栓，根据要求改变调节板的位置，可调节播量。

离心式排种器按排种方向可分为全圆排种和扇形排种两种。手推式撒播机采用全圆排种,就是在水平圆周的任何方向都撒播种子;背负式撒播机采用扇形排种,在排种圆盘一侧有一弧形挡板挡住种子沿径向飞出,只能朝开口方向排种。

1. 背负式手摇撒播机

图5.7.3所示为手摇撒播机,当摇动摇把时,通过一系列齿轮传动带动撒种盘旋转,当种子从排种口落下时,撒种盘将种子抛撒开,完成播种过程。

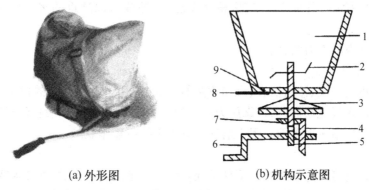

(a) 外形图　　　　　　(b) 机构示意图

1:种子箱　2:搅拌器　3:撒种盘　4:垂直锥齿轮　5:机架
6:摇把　7:水平锥齿轮　8:种量调节板　9:排种口

图5.7.3　手摇撒播机

2. 手推式撒播机

如图5.7.4所示为手推式撒播机,种子箱位于机架之上,机架由钢管弯制而成,由手柄和托架组成,地轮位于机架之下支撑机架并传递动力。在地轮轴中央有一对锥齿轮,当地轮带动地轮轴转动时,与地轮轴刚性连接的锥齿轮带动与其啮合的锥齿轮转动,从而带动撒种盘旋

(a) 外形图　　　　　　(b) 机构示意图

1:机架扶手　2:种子箱　3:搅拌器　4:排种轴　5:机架托架
6:撒种盘　7:地轮安装架　8:齿轮箱　9:地轮　10:排种口

图5.7.4　手推式撒播机

转,完成种子的撒播。撒种盘轴穿过种子箱底面中央,带动搅拌轮转动,使种子不形成架空,顺利从排种口流下。种子箱底部排种口处,有一排种量调节板,改变其开度,即可调节排种量的多少。

三、喷播机

传统的草坪建植,主要依靠人工铺植草块或直接播种来实现,这些建植草坪的方法费工费力,受到地形、风力等许多条件的限制,为此在世界上一些发达国家开始应用喷播技术。喷播机在美国、澳大利亚、加拿大、日本、瑞士等国家已广泛应用,技术成熟,它应用于公路和铁路护坡、坝面护坡、矿区植被恢复、风蚀或水蚀严重的水土流失地区的草坪建植等领域。

喷播机有气力和液力两种。

1. 气力喷播机

气力喷播机由机架、输送器、风机和喷撒器组成,适用于无性繁殖的植草。新鲜的碎草茎通过输送器进入气流喷播机,依靠风力产生的强大气流来输送,而后再经过喷撒器均匀地撒播出去。气力喷播机更多地是用于播种后有机物的覆盖作业。

2. 液力喷播机

液力喷播机是将催芽后的草坪草种子混入装有一定比例的水、纤维覆盖物、粘合剂和肥料的容器里,搅拌均匀成为混合浆液,利用离心泵对浆液加压,通过软管输送到喷枪,喷洒到待播地面上,形成均匀的覆盖层。多余的水分渗入土中,持水性强的纤维和胶体形成半渗透的保湿层,表面形成胶体薄膜,减少了水分蒸发,给种子发芽提供了水分、养分和遮荫环境;同时,纤维、胶体和表土结合后避免或减少种子被风吹走、被水冲走或被鸟啄食。覆盖物一般染成绿色,喷后马上呈绿色显示出草坪效果,同时易检查喷播效果。一般喷播后2~3天可生根,可有效抑制杂草生长。

喷播机的喷射距离,可以通过调整压力泵的流量和压力大小调节。

四、补播机

草坪生长过程中,由于病菌、践踏和自然死亡,会发生局部无草皮或草皮过稀的现象,这就要求补播。图5.7.5所示为某公司生产的一种手扶自行式补播机。机器以8kW汽油机为动力,工作幅宽为19英寸(483mm),播深为1.5英寸(38mm)。机器设有旋转耙,可开出窄缝式种沟,导种管将排种器排出的种子导入种沟,最后由后排的圆盘覆土,这样在实施耙耕养护的同时完成补播。该机可以播种任何草种,播种量可调。

图5.7.5 手扶自行式补播机

5.7.3 使用维护

草坪播种机在使用中应注意以下问题：

（1）行走速度要均匀。手推式撒播机撒种盘的转动是靠地轮的转动传递的，因此，要保证行走速度均匀；背负式要注意行走速度与手摇转速的配合，当行走速度变快时，要同时加快手摇的速度，保持播撒种量均匀一致。不得猛然提高前进速度和摇转速度，以防损坏机件。

（2）注意行与行之间的衔接，防止漏播和重播。

（3）要随时注意种子箱内的种子量，当种子少于种箱容积的 1/4 时，要及时加种子，防止播种不均匀。

（4）改变播量调节板的位置可以调整播量，根据播量要求调整后，要拧紧锁紧螺栓，要随时注意播量调节板的位置，防止意外变化影响播量稳定性。

（5）当手摇或推行感到没有阻力时，可能是摇把固定螺栓松脱打滑，要及时紧固，否则会造成不排种而漏播。

（6）当手摇或推行感到阻力很大时，可能是排种锥齿轮损坏，要及时拆开检修。更换锥齿轮时，一般要成对更换，以保证配合间隙合理，传动正常。

（7）在地头空行时，应关闭排种口。

5.8 起草皮机

快速建植草坪最简单的办法就是移植普通的草皮，特别是在城市街道两侧、广场等处建立草坪都是采用这种方法。移植草坪可用手工的方法，但效率低，草皮大小不一，形状也不规则，因此，移植草坪应使用起草皮机（又称草皮移植机）。使用起草皮机不仅作业效率高，而且起的草皮厚度均匀，容易铺植，利于草皮的标准化和运输流通。

5.8.1 结构特点与工作过程

起草皮机是将草皮切割成一定宽度和长度的草皮块或草皮卷的机具。常见的起草皮机主要有两种形式，一种是手扶自走式起草皮机，另一种是拖拉机悬挂式起草皮机。根据配套动力的不同和铺植的需要，分别有不同的型号。

一、手扶自走式起草皮机

（一）结构特点

手扶自走式起草皮机结构形式如图 5.8.1 所示，一般由机架、驱动轮、被动轮、起草皮刀、把手、发动机和有关调整部件组成。

1．机架

机架为一矩形框架，用于支撑发动机、变速箱，安装驱动轮、被动轮和连接起草皮机的各个工作部件。

2. 驱动轮和被动轮

驱动轮用于驱动机组前进,为一钢制圆筒,左右各一个。由于行走在未起的草皮上,且与草皮摩擦驱动机组前进,所以宽度较大,圆筒的外圆柱面套着一层带横纹的胶皮套,以增加摩擦力,且不损伤草皮。被动轮为普通的充气轮,用于支撑机架,一般只有一个,位于机组的后部,安装在中间。

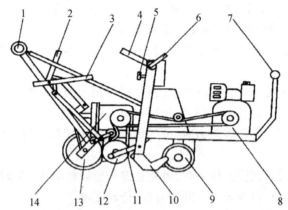

1:扶手(油门)　2:行走离合器手柄　3:切刀离合器手柄　4:切刀深度调整手柄
5:定尺锁紧螺栓　6:固定把手　7:前把手　8:发动机　9:驱动轮　10:L形割刀
11:连杆　12:偏心轮　13:后支撑轮　14:减速箱

图 5.8.1　手扶自走式起草皮机结构图

3. 发动机

发动机一般为 4~7kW 的四冲程风冷汽油机。

4. 起草皮刀

起草皮刀由两把 L 形的垂直侧刀和一把水平底刀组成,材料为 65 号锰钢。侧刀垂直切割草皮。底刀切割草皮的根土,形成草坪的底。起下草皮的宽度由 L 形切刀的间距确定,小型起草皮机起草皮的宽度一般为 300mm 左右,大型起草皮机起草皮宽度可达到 600mm。

5. 深度调节机构

L 形侧刀的上部与机架连接,在连接架上有一排孔眼,根据需要的起草皮深度将销子插入相应孔眼,并锁紧即可调整深度。

6. 切刀离合器

切刀离合器为一套张紧轮调节机构。切刀在工作时由偏心轮驱动振动前进。偏心轮与其驱动轮通过皮带连接,在皮带的一侧有一个张紧轮,张紧轮通过调节机构的压紧和压松来连接和切断偏心轮的动力,从而完成切刀动力的接合和分离。

7. 变速箱

变速箱的作用是减速和传递动力,将发动机皮带轮的高转速转变为变速箱输出轴的低转速,传递行走动力和切刀动力。

8. 行走离合器

有的起草皮机上装有离心式行走离合器,当发动机达到一定转速时,会自动接合动力;

发动机降速时，自动切断动力。

9. 油门旋钮

发动机油门一般为旋转把手式，在右把手上，通过扭转把手，控制发动机油门大小。

（二）工作过程

工作时发动机的动力通过皮带传递到变速箱，变速箱的动力输出轴（经减速后）通过皮带将动力传递到偏心轮，偏心轮将圆周运动转变为与其铰链的连杆的直（弧）线运动，带动切刀前后往复摆动，切刀的摆动是绕着L形切刀上部连接轴做弧线运动。在机组的尾部安装着一根中间轴，在中间轴上安装着一个皮带轮和两个链轮，动力输出轴的动力首先传给皮带轮，再通过链条分别传递到左右两个驱动轮上，驱动机组前进。进行起草皮作业时，首先调节切刀深度达到规定的要求，调整机组（由于没有转向机构，需由人工抬动）对准草皮作业行，先接合切刀离合器，然后接合行走离合器，机组即可作业。L形切刀用其前刃将未起草皮和已起草皮分开，水平底刀将草皮与地表分开，根据需要长度可用铲将草皮铲断，根据铺植和运输的需要将草皮由人工卷成圆卷。

二、悬挂式起草皮机

悬挂式起草皮机由机架、一把U形起草皮刀、两个侧面垂直切割圆盘、限深轮等部件组成，机架采用三点悬挂方式与拖拉机连接，如图5.8.2所示。

图5.8.2 拖拉机悬挂式起草皮机

U形起草皮刀位于侧面切割圆盘的后面，其底部为水平底刀，两侧为垂直侧刀，作业时侧刀的运动轨迹与圆盘切割开的沟槽相重合。两个圆盘切割草皮后，形成切下草皮的两个侧面，也形成草皮的宽度，根据机具的型号和配套动力的不同，草皮宽度为300～600mm不等。两个圆盘的切割是滚动切割，所以切割整齐。水平底刀切割形成被切下草坪的底部。水平底刀与水平方向的纵向夹角称为入土角，可以通过改变拖拉机纵向拉杆长度改变这一夹角，达到改变U形刀的入土性能的目的。调长纵拉杆入土角变小，入土性能变差；反之，入土性能增强。限深轮位于机架两侧，通过改变连接螺栓插入孔调节高度，升高限深轮，则起草皮深度增加，草皮厚度增加；反之，草皮厚度变小。为了防止限深轮损伤草坪，减少单位面积压力，限深轮一般宽度较宽，有的起草皮机每组限深轮使用两个轮子。

5.8.2 使用维护

一、使用前的准备

（1）检查各连接部位的紧固情况，各手柄是否灵活、工作可靠。

（2）检查变速箱内齿轮油情况，加注规定的齿轮油，油面高度为减速箱高度的1/2。

（3）对各润滑点加注润滑油。

(4) 调整 V 形皮带张紧度,每根张力为 100～200N。用手压 V 形带,能稍微压下 3～5cm 即可。

(5) 尾轮充气,气压为 98～295kPa。

二、操作

(1) 正确起动发动机,使发动机低速运转。

(2) 压下切刀离合器手柄,接合切刀动力,加大油门到 1/3 处,使切刀运行(往复振动)。

(3) 调整切刀入土深度使切刀入土,达到入土深度后紧固调整把手。

(4) 压下行走离合器,接合行走动力,加大油门,开始作业。进入正常作业时可将油门锁紧定位。

(5) 暂时停车时可将油门减小,使行走离合器自动分离。

(6) 停止作业时,应提起切刀。

(7) 在地面短距离运行时,应提起切刀,切断切刀动力,接合行走离合器,慢速行走。长距离运输时应装载在运输车辆上运输,以免磨损驱动轮胶皮外套的花纹。

三、保养

(1) 连杆转动处的油杯应及时加注润滑油(黄油),轴承工作 50h 应加注润滑油,严禁缺油运行。

(2) 变速箱油面应保持在变速箱高度的 1/3～1/2 之间,每隔 3 个月或工作 150h 应更换齿轮油。

(3) 各操作杆连接处应经常加注几滴机油。

(4) 及时给尾轮充气,保持压力。经常调节皮带张力,防止皮带过紧损伤皮带、轴承等部件,防止过松打滑。

(5) 胶轮不应与油等化学药品接触,防止加速老化。存放时应放在干燥、避光处。严禁在有砖瓦、碎石和树根的地块作业,以防损坏切刀。

(6) 经常清理机器,保证清洁。

(7) 作业运输时不得在硬路面上行驶,以防加快轮子磨损。

5.9 除 根 机

除根机是以拔、推、掘、铣等方式清除伐根的机具。这是在园林树木建植地(含园林草坪建植地)清理中一项很重要的作业,同时也是一项很繁重的工作。

根据动力不同,除根机有拖拉机悬挂式和小型动力式;根据清除方式不同,有拔根机、掘根机和铣根机。

5.9.1 拔根机

拔根机有杠杆式液压拔根机、推齿式拔根机和钳式拔根机多种类型,图 5.9.1 所示为杠杆式液压拔根机。拔根架连接在拖拉机上,由油缸控制其升降,架上装有四个工作齿,两侧两个齿固定在机架上,中间两个齿可由油缸控制绕轴转动。工作时,两侧油缸控制拔根架下降,四个齿同时插入地下,中间的挖根齿油缸推动中间两个转动齿转动,利用杠杆原理将伐根拔出。这种拔根机的拔根力很大,可达50吨以上。

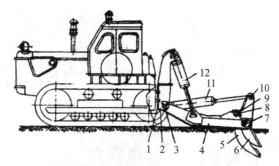

1:钢板 2:支柱 3:轴 4:支架 5:转动齿 6:固定齿 7:轴
8:挖根齿轴 9、10:孔 11:挖根齿油缸 12:升降油缸
图5.9.1 杠杆式液压拔根机

钳式拔根机是利用夹钳将树根夹紧,然后利用拖拉机的牵引力将树根拔出。推齿式拔根机的工作部件是固结在升降支架上的四个推齿,利用油压缸升降,依靠拖拉机的推力,将伐根推出。这两种机型是利用拖拉机的牵引力或推力直接将树根拔出的。

5.9.2 铣根机

这种除根机利用旋转的铣刀或切刀,将树根铣碎或切碎,撒于地面或运出利用。悬挂在拖拉机后方的铣根机,由液压装置控制升降,除根效率高。铣根机的工作部件有立轴式和横轴式。

瑞典的爱莱塔里系统是一种大型的除根机,铣削头悬挂在149.14kW(200Hp)的大功率轮式拖拉机后面,工作头有多种形式,其中一种是圆盘式铣刀。在圆盘端面镶有硬质合金刀头,中部是定心用的钻头,通过传动装置切削树根,碎小的切屑散留在土壤里作为肥料。该机(图5.9.2)效率很高,每切削一个树根约1min;还有一种是圆柱空心钻,依靠机器传递的扭矩,旋切土壤中的树根(最大直径70cm,最大深度200cm),并把树根从土壤中挖出,随圆柱空心钻头一起提出的树根,被液压装置剔出,放到指定地点集中。

图5.9.2 伐根削片机外形

在新建园林树木种植地上使用上述机械,可以较快地清除树根。但在已建园林树木种植地上,由于树木枯死或改变景观设计,需更换树种,而无法使用大型拖拉机作业,因此,使用小型动力式的铣根机是很适宜的。

图5.9.3是小型手扶随行卧铣式铣根机。该机动力是HONDA9.0型四冲程汽油机，通过离心式离合器，动力经传动装置传到工作装置，刀轴水平设置，为卧铣式，刀盘固定在刀轴上，随刀轴转动，镶有硬质合金刀头的四块铣刀，由螺栓安装在刀盘上，拆卸很方便，更换或取下刃磨都很简单。该机刹车性能良好。

(a) 正在铣根
(b) 铣刀由四块组成
(c) 外形图

图5.9.3 小型手扶随行卧铣式铣根机

工作时操作人员随行至树根工作位置，停止行走，加大油门，离合器结合，铣刀开始转动铣削，人工控制铣削进给量。在该机底盘下部两侧和后部各有一块护板，可以使铣削下的木屑碎碴散落在机器下部，这些木屑可以收集起来，也可随整地埋于地下。

图5.9.4是小型手扶随行立铣式铣根机，该机动力是B&S公司生产的6.34kW(8.5Hp)四冲程汽油机，发动机为垂直安装，通过水平传动装置，将动力传到立铣头上。立铣头的刀盘上安装四把镶有硬质合金刀块的铣刀。该机通过刀盘旋转而铣削树根，机器前部右侧有一观察窗，可以清楚地看到铣根工作情况。该机工作效率很高，可以铣削很硬的树根，并可以铣到地平面以下的深度。

(a) 外形
(b) 从了望窗可见铣刀工作
(c) 立铣刀

图5.9.4 小型手扶随行立铣式铣根机

这种型式的铣根机有71785型及73711型两种,其主要参数见表5.9.1。

表5.9.1 铣根机主要参数表

型号	发动机	外 形	重量	轴 矩
71785	B&S6.34kW(8.5Hp)	1320mm×584mm×1117mm	70kg	558mm
73711	HONDA8.20kW(11Hp)	1320mm×584mm×1117mm	88kg	558mm

该机行走与铣削工作情况同于前述卧式铣根机的情况。

图5.9.5是瑞典胡斯华纳272S树桩铣削机,是一种适于家庭、花园中使用的小型手推卧式铣削机。人将其推至工作位置,由小型汽油机的传动装置传递动力,带动卧式铣刀头转动而完成铣根作业。汽油机为3.6kW,汽缸体积为72cm^3,整机重量为24.5kg。搬运时,可将手柄向下折叠,靠手把提起移动。

图5.9.5 272S树桩铣削机

5.10 采 种 机

采种机是从立木上采摘、收集林木种实的机具,有球果采集机、翅果采集机和振动采种机等多种机型。

振动式采种机一般由发动机和振动装置两部分组成,是把由机械产生的具有一定频率、一定振幅振动的周期作用力,通过树干传递到树冠而将球果振落。振动式采种机有自走式、牵引式和便携式三种;其结构有偏心锤、偏心轮和曲柄滑块三种形式。工作时,机器的夹紧器在树干适当位置将其夹牢,发动机的动力通过传运系统带动激振装置,使树干产生振动,振动波由树干和树枝传递给球果,使球果振落。

图5.10.1是我国研制的1ZZ-200型振动式采种机结构示意图,它是以小型汽油机为动力的便携式采种机。该机由IE40F汽油机、托轮、皮带、振动箱、底板、夹持臂等组成。

其工作过程如下:汽油机的动力通过皮带、托轮、大皮带轮传到振动箱,带动振动箱中的偏心轴转动,产生激振力(即离心力)经底板、夹持臂,使所夹持的树干产生振动,将成熟的球果种子振落下来。通过夹持手柄转动双头丝杆,使夹持臂夹紧或松开。

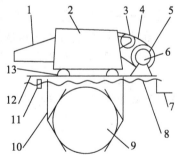

1:手柄 2:发动机 3:托轮 4:皮带 5:大皮带轮
6:振动箱 7:夹持手柄 8:双头丝杆 9:树干
10:夹持臂 11:锁紧螺母 12:底板 13:隔振垫

图5.10.1 1ZZ-200型振动式采种机结构示意图

 案例分析

一、播种机工作时没播出种子或发生各行播量不一致的情况

播种机播不出种子的原因一般有排种轮打滑、排种孔或输种管堵塞、动力传动被切断等几种,分别采取紧固卡箍或更换槽轮、打开排种口或疏通输种管、接合传动机构的方法予以排除。各行播量不一致的原因有各槽轮工作长度不一致、某个或几个槽轮打滑等,此时应分别采取调整槽轮工作长度使其一致、紧固卡箍防止打滑的方法予以排除。

二、起草皮机所起草皮厚度不一致或草坪两边不整齐

草皮厚度不一致对于手扶自走式起草皮机来说一般是由于深度调整手柄松动引起的,只要旋紧固定把手即可排除;对于悬挂式起草皮机来说一般是由于入土角调整不合适导致的,此时应调整上拉杆长度,增大入土角。草坪两边不整齐的原因主要是圆盘割刀旷动以及圆盘割刀与U形底刀两侧刀前后不对应,排除方法分别是紧固螺母或更换圆盘轴承,调整圆盘割刀使之对准U形底刀两侧刀。

 本章小结

园林建植机械的种类很多,本章主要介绍了植树机、树木移植机、切条机、插条机、起苗机、移栽机、草坪播种机、起草皮机、除根机、采种机等的分类、一般构造及工作过程,并详细叙述了起苗机、移栽机、草坪播种机、起草皮机等的使用注意事项、正确维护和保养的方法。

 复习思考

1. 植树机开沟器的型式有哪些?各有什么特点?
2. 试述车载式树木移植机的工作过程。
3. 切条机和插条机的功能是什么?各是如何工作的?
4. 试述起苗机的U形起苗铲的构造及工作过程。
5. 试述草坪播种机和起草皮机的种类、工作过程及使用维护方法。
6. 试述除根机的功能及分类。
7. 试述振动式采种机的工作原理。

第 6 章 园林养护机具

本章导读

本章主要要求学生了解绿篱修剪机的切割装置,掌握其安全使用与维护的方法;了解割灌机的构造与工作,掌握其工作部件的正确安装与使用维护的方法;了解油锯的主要工作部件,掌握其安全使用与维护的方法;了解草坪修剪机的类型与构造,掌握其正确使用与维护的方法;了解草坪打孔机的打孔刀具与类型,掌握其使用与调整的方法;了解其他一些园林养护机具的构造与使用。

6.1 绿篱修剪机

绿篱修剪机是用于修剪绿篱、灌木丛和绿墙的机具,通过修剪控制灌木的高度和藤本植物的厚度,并进行造型,使绿篱、灌木丛和绿墙成为理想的景观。

绿篱修剪机按切割装置结构和工作原理的不同,可以分为往复切割式和旋转切割式两种;根据动力的不同,可以分为电动式和汽油机式两种;根据整机结构分为便携式和悬挂式两大类。

6.1.1 便携式绿篱修剪机

一、动力机

便携式绿篱修剪机的动力机一般有电动机和汽油机两种。

1. 电动机

电动机有工频电流供电的交流电动机,也有蓄电池供电的直流电动机。工频供电的电动绿篱修剪机适用于有电源的场所,如庭院、花园等规模和场地不大的地方,使用十分方便。

2. 汽油机

汽油机一般以二冲程、风冷式小型汽油机居多。使用的关键是做好混合油的配制,其具体使用已在第一章作了详细介绍。

二、切割装置

切割装置主要有往复式(图6.1.1)和旋刀式(图6.1.2)两种,往复式切割装置由动刀齿条、定刀齿条和导向刀杆组成;旋刀切割装置由动刀片、定刀片和定刀架组成。这两种切割装置工作时都是进行有支承切割的。

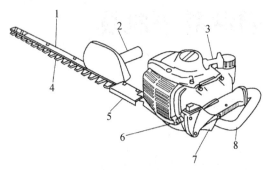

1:导向条 2:前把手 3:起动手把 4:刀齿
5:安全护板 6:转速调节钮 7:油门手柄 8:后把手

图6.1.1 往复式单面刀绿篱修剪机

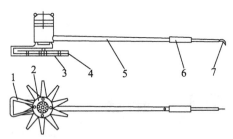

1:定刀架 2:电动机 3:定刀片
4:动刀片 5:操纵杆 6:把手 7:电缆

图6.1.2 电动旋刀式绿篱修剪机

往复式切割装置有单动刀和双动刀两种。在单动刀切割装置中只有一条刀齿是往复运动的,另一条刀齿是固定的,同时起导向刀杆的作用,动刀齿的往复运动由单独的曲柄连杆机构或偏心轮驱动。在曲柄或偏心轮高速旋转时,由于不平衡力引起的振动很大,采用平衡离心块的措施能平衡一部分力,但是还会有振动。双动刀切割装置由两条刀齿进行往复运动,另外还设置一根导向刀杆,采用对心双曲柄或偏心轮驱动,其手感振动较小。图6.1.3所示为往复式双动刀绿篱修剪机传动机构。

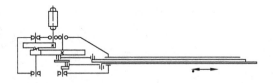

图6.1.3 往复式双动刀绿篱修剪机传动机构

在往复式切割装置中,刀齿有单面刀齿和双面刀齿两种。有双面刀齿的绿篱修剪机在进行修剪时,特别是进行造型修剪时操作比较方便,如图6.1.4所示。

旋刀式切割装置对刀片的要求较高,加工比较复杂。因此,在手持式绿篱修剪机中已很少采用旋刀式切割装置。

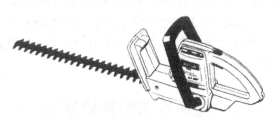

图6.1.4 往复式双面刀齿绿篱修剪机

6.1.2 悬挂式绿篱修剪机

悬挂式绿篱修剪机分车载悬挂式和臂架悬挂式两种。

一、车载悬挂式绿篱修剪机

车载悬挂式绿篱修剪机由车辆底盘、发电机组、手持式电动绿篱修剪机、悬挂的绿篱修剪机、液压悬挂系统等组成,如图6.1.5所示。

发电机组安置在前车架上,由发电机、交流电变频机、防护板和导线组成。发电机由底盘分动箱的动力输出轴通过万向节传动轴和锥齿轮传动的动力驱动,经发电机组把发出的工频交流电变频成36V、200Hz的中频交流电,供给三台手持的和一台液压悬挂的绿篱修剪机的中频交流电动机使用。防护板用来保护发电机,以避免过载和短路造成的伤害,同时用信号警示发电机各相导线与基础底架击穿的情况。

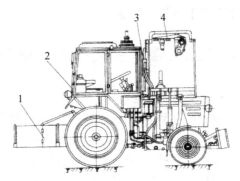

1:发动机组　2:车辆底盘
3:液压悬挂系统　4:悬挂的绿篱修剪机
图6.1.5　车载悬挂式绿篱修剪机

手持电动绿篱修剪机放置在车辆底盘前部分的专用箱内,当作业量不大或进行悬挂的绿篱修剪机达不到的修剪时,一般使用手持电动绿篱修剪机进行作业。

悬挂的绿篱修剪机由往复式切割装置、机动叉和输送装置组成,所有装置安装在同一基板上,基板的位置由液压助力杠杆系统进行调整,可以使修剪机在不同的高度、不同的平面进行修剪。工作时,其机动叉和输送装置能随时把剪下的枝条从作业面上去掉。

这种车载悬挂式绿篱修剪机适于在作业量大、绿篱长度大的场所进行修剪,如对高速公路两旁及中间隔离用的绿篱的修剪,作业效率高、质量好。

二、臂架悬挂式绿篱修剪机

臂架悬挂式绿篱修剪机的切割装置安装在液压起重臂的臂架末端,作业时具有更大的机动性。切割装置由液压马达驱动,除了刀齿往复运动的切割装置外,还可配置滚刀式和连枷式转子型切割装置。液压起重臂的运动由主臂液压缸和副臂液压缸控制,臂架与工作装置相对于绿篱或堤岸的位置和角度全部通过液压油缸进行调整和变化。液压起重臂采用二节臂架时,其最大伸距可达5m;采用三节臂架时,最大伸距可达7m。因此该类绿篱修剪机可以修剪高大绿篱的顶面和侧面,可以修剪各种绿墙,还可修剪道路、河流等堤岸两侧的杂草和灌木丛,对于城市公共绿地和公园中高大灌木丛的造型修剪也能胜任。图6.1.6为臂架悬挂式绿篱修剪机外形图。

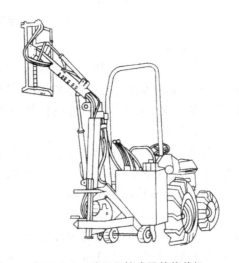

图6.1.6　臂架悬挂式绿篱修剪机

在切割工作装置的框架里装有回弹安全机构,当工作装置碰到障碍时,工作装置和臂架就会向后摆,避免工作装置受到损坏。有些绿篱修剪机有向前和向后两个控制方向的回弹安全机构。由于液压起重臂承受的载荷不大,驱动装置所需动力也不大,因此臂架悬挂式绿篱修剪机一般悬挂在小型拖拉机上,可利用拖拉机的液压系统,也可用单独的液压系统对臂架和工作装置进行控制。

6.1.3 绿篱修剪机的安全使用与维护

一、使用前的检查

发动机起动前,先配制好燃油,将汽油与机油按20∶1的比例(或按说明书规定的比例)配制成混合油加入油箱及备用箱。在每次使用前,必须检查各零部件是否完好,是否能正常发挥作用,检查切割装置的运动情况和刀齿的锋利程度。发现零件损坏应立即修复和更换。为使操作时更为轻松,并延长刀齿的使用寿命,动刀齿和定刀齿间的间隙要调整合适,两者的间隙约为0.1～0.4mm,调整或刃磨后必须加油进行润滑,如图6.1.7(a)所示。刀齿刃磨锋利也能提高操作的轻松度。正确的刃磨如图6.1.7(b)所示。

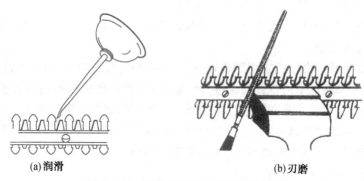

(a)润滑　　　　　　　　　　　(b)刃磨

图6.1.7　绿篱修剪机切割装置的保养

二、起动

打开点火开关至"ON",按下起动加浓按钮。起动时轻轻地拉动起动绳,握住起动手把,缓慢拉起动绳至有阻力作用时再连续快速拉动起动绳,待汽油机起动后再将起动绳缓慢放回原处。起动器有回弹装置的松开手柄,起动绳可自动复原。

三、工作

起动后将阻风门完全打开,让发动机怠速运转3～5min后再带负荷工作。操作时,左手持前手把,右手握油门扳手,根据修剪情况均匀加油,可左右移动、上下移动进行修剪。

四、安全操作与注意事项

操作时要遵守安全操作规程。先检查作业点绿篱、灌木丛或藤本植物的情况,去掉树根及枝条处的铁丝、电线、枯枝等硬杂物,看好操作位置,计划好操作路线。不得剪切金属,不得磕碰地面,不得剪切13mm以上的过大枝条。转移工作地点或休息时必须停机,保护手和人体其他部位不受切割装置的伤害。操作人员要束发戴帽、穿工作服、戴手套,机具一开动,操作员的两手就要握在把手上,不能单手操作。操作时禁止用手拨弄树木枝条或接近刀齿,不能把防护板当做把手使用。其他非操作人员,特别是儿童要远离操作点,要正确操作机具,注意操作技巧。

电动绿篱修剪机开关扳机的上面一般设置了开关锁定按钮。当开机时,向前推压这个按钮,就能锁定扳机,不致发生偶然开机而造成事故的情况。蓄电池绿篱修剪机装上蓄电池后就处于可操作状态,因此,要在确信锁定按钮没有向前推压的情况下,才能装上蓄电池。手提着机具转移操作地点时,不要把手指放在扳机上;在对切割装置进行清洁和调整前,要把蓄电池从机具上拿下来,确保安全;蓄电池要注意经常充电和维护。

6.2 割　灌　机

割灌机主要适用于林间道旁的不规整、不平坦的地面及野生草丛、灌木和人工草坪的修剪作业。割灌机修剪的草坪不太平整,作业后场地显得有些凌乱,但它轻巧、易携带以及适应特殊环境的能力起到了其他草坪修剪机无法替代的作用。割灌机是城市园林绿地乔灌木养护作业中不可缺少的重要机具。

6.2.1　割灌机的类型

(1) 按作业时携带方式不同可分为手持式、侧挂式和背负式。
(2) 按中间传动轴类型可分为刚性轴传动和软轴传动。
(3) 按动力来源不同分内燃机式、电动式,其中电动式又有电池充电式和交流电操作式。

6.2.2　割灌机的构造与工作

便携式割灌机主要由动力机、离合器、传动轴、减速器、切割装置、把手及操纵机构组成,如图6.2.1所示。动力机一般都采用单缸风冷二冲程风冷式汽油机。传动系统将发动机的

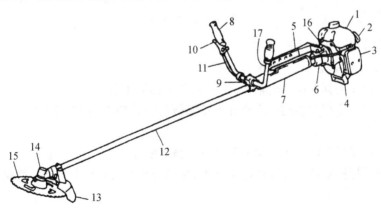

1:燃料箱　2:起动器　3:空气滤清器　4:脚架　5:吊钩　6:罩　7:护套
8:手柄　9:手柄托架　10:加油柄　11:加油钢丝　12:外管　13:安全挡板
14:减速器　15:刀片　16:引擎开关键　17:翼形螺母

图 6.2.1　割灌机

动力传递给工作部件,包括离合器、中间传动轴、减速器等。离合器采用的是离心式摩擦离合器,可以通过控制汽油机油门的大小,控制动力的接合与分离,改变切割件的转速,还对动力机有过载保护作用。减速器由一对圆锥齿轮组成,减速比不是很大,因为割灌机工作装置在工作时进行的是无支承切割,特别是割草、割软的枝条时,要求切割速度高,所以切割件的转速一般很高。锥齿轮主要的作用是改变动力传递方向,使切割件旋转轴与传动轴之间成一定角度,使操作时比较方便。

工作时,动力机的动力经离合器、传动轴、圆锥减速齿轮,驱动切割装置。操作者握住把手,通过操纵机构控制切割装置的运转。同时操作者应注意姿势正确,这样有益缓解疲劳,并应时刻注意安全。若当锯片被卡住时,应关小油门,待锯片完全停止转动后,再抽出锯片。

6.2.3 工作部件

割灌机是一种可置换多种切割件的便携式割草割灌机具,它的主要工作部件是切割头,主要形式有尼龙绳割头、活络刀片、二齿刀片、三齿刀片、四齿刀片和多齿圆锯片等,如图6.2.2所示。尼龙绳切割头主要用于庭院、街心花园、行道树之间小块绿地的草坪修剪、切边及稀软杂草清除等作业。2~4齿金属刀片切割头可用于浓密粗杆杂草及稀疏灌木的割除作业。多齿圆锯片可进行野外路边、堤岸和山脚坡地浓密灌木的割除以及乔木打枝、整形作业。

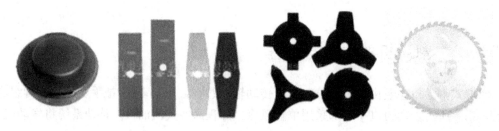

图6.2.2 切割头

切割头的常用安装方法如下:

1. 金属刀片的安装方法(图6.2.3)

(1)将刀片托夹具套在齿轮轴上,使用L型工具旋转固定。

(2)把割草刀片有文字的一面放在齿轮箱侧的刀片托上,把刀片孔穴正确地装在刀片托夹具的凸部上。

(3)刀片固定夹具凹面向割草刃侧,装在齿轮轴上。

(4)把附属螺栓罩放在刀片固定夹具上,在割刀片安装螺栓上放上弹簧垫和平垫圈,用力拧紧。

2. 尼龙绳切割头的安装方法(图6.2.4)

(1)将刀片托夹具和刀片压夹具正确地安装在齿轮轴上。

(2)将安装螺栓拧入齿轮轴内,确保拧紧。

(3)将刀片托夹具用L型工具固定,并且将尼龙绳割头主体用力拧紧在螺栓上。

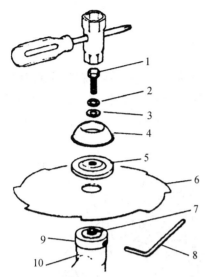 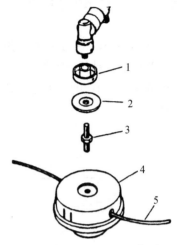

1：螺栓　2：弹簧垫圈　3：垫圈　4：螺栓罩　5：外托
6：刀片　7：齿轴　8：L型工具　9：内托　10：齿轮

图6.2.3　金属刀片的安装方法

1：内托　2：外托　3：螺栓
4：尼龙绳割头　5：尼龙线

图6.2.4　尼龙绳切割头的安装方法

6.2.4　使用与维护

（1）使用前必须对各零部件认真检查，在确认没有螺丝松动、漏油、损伤或变形等异常情况后方可开始作业。特别是刀片及刀片连接部位更应仔细检查。

（2）操作者在操作过程中要严格要求，穿工作靴、紧身衣，戴防护眼镜，以确保作业时人身安全。

（3）使用金属刀片时割草的动作是从右向左摇晃机体来进行的。每次刀片吃进深度一般杂草为刀片直径的1/2，草茎较硬的草以刀片直径的1/3为妥。使用尼龙绳割头割草时，发动机的转速应比使用金属刀片时加大50%。

（4）割灌机发动机为单缸二行程风冷式汽油机，燃料为混合油，机油与汽油的体积混合比一般为1∶20或1∶25，不可错误添加燃料。

（5）长期存放前必须彻底检修。燃料箱的燃料全部倒出后，起动机器让其空转至自然熄火为止，确保化油器内燃油燃烧干净，以便存放。

6.3　油　　锯

油锯是以汽油机为动力的链锯，全称为汽油动力链锯，主要用于伐木、树木的打枝造型。这种设备携带方便，手持使用。

6.3.1 油锯的构造

油锯的类型较多,虽然在构造、性能方面各有差异,但其基本结构和工作原理大体相同。油锯一般均由发动机、传动机构、锯木机构和操纵装置等部分组成。图6.3.1为油锯的构造图。作业时,发动机的动力通过传动机构驱动链轮,链链在链轮牵引下沿导板连续运动而锯切木材。

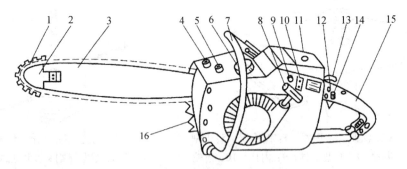

1:锯链 2:导向轮组件 3:导板 4:机油调节旋钮 5:机油箱盖 6:燃油箱盖 7:前锯把 8:起动器手柄 9:怠速限位螺钉调节孔 10:高低速油针调节孔 11:空气滤清器 12:阻风门开关 13:熄火开关 14:油门扳机起动锁定按钮 15:后锯把 16:插木齿

图6.3.1　油锯的构造

油锯发动机一般为单缸风冷二冲程汽油机。燃油系统采用的是泵膜式化油器,其构造与工作原理在第一章已作了介绍。

传动机构主要是由离心式摩擦离合器和驱动链轮等组成,如图6.3.2所示。离合器装在曲轴的一端,其主动盘与发动机曲轴相连,从动盘与锯木机构的驱动链轮组成一体。工作

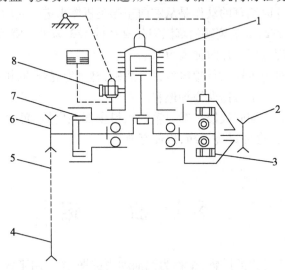

1:发动机 2:起动器 3:飞轮 4:导板 5:锯链 6:驱动链轮 7:离合器 8:化油器

图6.3.2　油锯的传动机构

时,离合器接合,带动驱动链轮转动,驱使锯链沿导板旋转。当发动机怠速运转或锯链受阻时,离合器自动分离,锯链不动,保证油锯和人身安全。

锯木机构是油锯的工作部件,由驱动链轮、锯链、导板、锯链张紧装置和插木齿等组成。锯链是各种动力链锯进行锯木的切削部件,由左切削齿、右切削齿、传动链片、连接链片和链轴组成,如图6.3.3所示。把左切削齿、右切削齿、传动链片和连接链片按一定顺序排列后,由链轴铰接在环状封闭链条上,在链轮驱动下,沿着导板的导槽高速回转而进行锯木。由于锯链的结构简单、重量轻、锯切速度快,广泛应用在有动力的机具上。导板的作用是张紧和支承锯链,使锯链能沿着一定的方向运动而进行锯切。插木齿的作用是使油锯能支撑在树干上,当操作者双手施加进锯力时,在插木齿处的反力矩,能使锯链和导板克服进给阻力而完成锯切工作。插木齿一般固定在曲轴箱体上或减速箱体上。

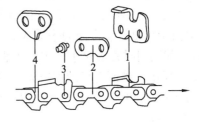

1:左切削齿　2:连接链片
3:链轴　4:传动链片
图6.3.3　锯链

6.3.2　油锯的使用与维护

(1) 新油锯使用前,须经30h的中、小负荷磨合后,才能全负荷作业。

(2) 使用前要检查锯链的张紧度,松开导板压紧螺母,用螺丝刀拧动导板调整螺钉,即可调整。锯链的松紧度,以在导板中部用手轻提锯链,使传动链片最下端与导板外周的间隙在0~1mm范围内为宜,如图6.3.4所示。调整后紧固导板压紧螺母。

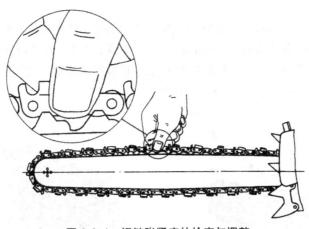

图6.3.4　锯链张紧度的检查与调整

(3) 锯切前,先将插木齿靠近树干,然后使锯齿轻轻接触树干,待导板锯入树干后,再逐渐增大油门和送锯力。

(4) 出现夹锯时,将导板在锯口中活动一下,若仍然夹锯,应向锯口中加楔。

(5) 锯链变钝时要进行锉磨,主要是对左、右切削齿进行锉磨。用锯链专用的圆锉手工锉磨是最简易可行的方法。锉磨时把锯导板夹紧在虎钳上,锯链放入导板的一侧导槽中,先用圆锉修磨切削齿的刀刃。锯链切削齿的刀刃由水平刃和垂直刃(侧刃)组成,水平刃的倾斜角为30°~35°,水平刃和垂直刃的切削角为60°,因此,当圆锉与垂直于锯链运动方向的平面成30°~35°角进行锉磨时,就能同时完成对水平刃和垂直刃的修磨,如图6.3.5所示。锉磨完毕的锯链先在汽油中清洗,晾干后浸泡在机油中。第二天要使用前再把锯链和导板一起安装好。

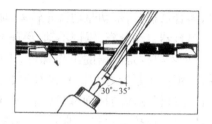

图6.3.5 锯链切削齿的锉磨

(6)油锯使用后,应妥善保存,注意防潮、防晒。长期存放时,应放净油料,拆下锯链及导板,清洁后涂油存放。

6.4 草坪修剪机

草坪修剪机主要用于对草坪进行定期修剪。草坪的合理修剪是草坪养护中最主要的作业项目,能使植株的幼芽嫩叶生长更旺盛,使草坪的颜色翠绿鲜艳,更加整齐美观;并能促进草坪的新陈代谢,改善其密度和通气性,减少病原体和虫害的发生;还能加速并加强草坪草的分蘖,增强与杂草的竞争力。

6.4.1 草坪修剪机的类型

草坪修剪机的类型很多,是园林绿化机械中类型最多、产量最大、使用最普遍的一种机具。按行走装置不同,分为步行式(图6.4.1)和乘坐式,前者又有步行手推式和步行自走式两种结构型式,后者则有坐骑式(图6.4.2)和拖拉机挂结式等结构型式。按切割装置不同,有旋刀式、滚刀式、往复刀齿式、甩刀式等几种。

图6.4.1 步行式草坪修剪机

图6.4.2 坐骑式草坪修剪机

一、滚刀式草坪修剪机

其主要工作部件为螺旋滚刀和底刀(图6.4.3),在螺旋线排列的滚刀片上有刃口,利用滚刀与底刀的相对转动,螺旋滚刀片将草茎剪断。该机型适合于切削量较小的草坪修剪,主要用于地面平坦、质量较高的草坪,如各种运动场、高尔夫球场的精修区等。

二、旋刀式草坪修剪机

其主要工作部件是水平旋转的切割刀,结构十分简单,基本形式有直板刀和活络刀两种(图6.4.4),工作时利用刀片的高速旋转而将草茎割断。旋刀式草坪修剪机以修剪较长的草为主,适用于普通草坪的作业。

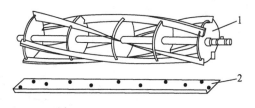

1:滚刀　2:底刀

图6.4.3　滚刀的结构

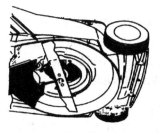

(a)直板刀

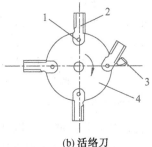

(b)活络刀

1:铰接点　2:刀片　3:障碍物　4:刀盘

图6.4.4　旋刀片

三、往复式草坪修剪机

其主要工作部件是一组做往复运动的割刀,长度为600~1200mm。它的工作原理就像理发的推子一样,靠动刀和定刀之间的有支承剪切来实现。这种修剪机主要用来修剪较长的草,如用于公路两侧、河堤绿化地带及杂草灌木丛的作业。

四、甩刀式(亦称链枷式)草坪修剪机

其主要工作部件为在垂直平面内旋转的切割刀片,称为甩刀(图6.4.5)。切割刀片铰接在旋转轴或旋转刀盘上,当旋转轴或刀盘同由发动机驱动而高速旋转时,由于离心力的作用使铰接的刀片成放射状绷直飞速旋转,端部的切削刃在旋转中将草茎切断并抛向后方。这种刀片适合于切割茎杆较粗的杂草。

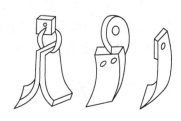

图6.4.5　甩刀

五、甩绳式草坪修剪机

这种割草机是将割灌机的工作头上的圆锯片或刀片以尼龙绳或钢丝绳代替,割草时草坪植株与高速旋转的绳子接触的瞬间被其粉碎而达到割草的目的(见6.2割灌机)。

6.4.2　草坪修剪机的构造

在众多草坪修剪机中以旋刀式使用最为普遍。下面以步行旋刀式草坪修剪机为例介绍其主要构造与使用。图6.4.6为其结构示意图,该机主要由发动机、切割装置、集草装置、行走装置和操纵装置等组成。

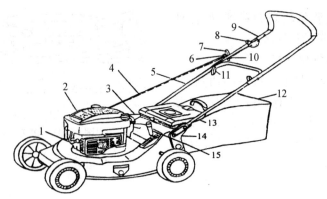

1：火花塞　2：发动机　3：油门拉线　4：起动绳　5：下推把　6：固定螺栓
7：起动手柄　8：油门开关　9：上推把　10：螺母　11：锁紧螺母
12：集草袋　13：后盖　14：支耳　15：调茬手柄
图 6.4.6　草坪修剪机结构示意图

发动机一般采用四冲程风冷汽油机，其性能优于二冲程。

切割装置主要由切割刀片、联轴器以及蜗壳式底盘组成。切割刀片通过联轴器与发动机曲轴相连，曲轴的高速运转带动切割刀片旋转而切割草茎。联轴器轴套与曲轴之间有键相连，用以传递动力。刀片安装在底盘内，底盘冲压成蜗壳状。切割刀片和蜗壳配合构成一种与鼓风机原理相似的工作装置，它将草茎"吸"成直立状态，便于割刀切割，切割下的草屑随涡流沿蜗壳中的流道进入集草装置或从出草口排到地面。

行走装置主要由 4 个行走轮和轮轴组成。行走轮通过滚动轴承装在行走轮轴上。人工推行时该轮具有滚动阻力小、运行平稳和对地面压力小的优点；自走时有传动装置将发动机的动力传递给行走轮，从而实现自走。

操纵装置主要由推把（步行式）或方向盘（乘坐式）、油门和剪草调节装置等组成。剪草调节装置通过一个调茬手柄的作用可以改变行走轮与工作装置的相对高度，从而调节修剪机的剪草高度，一般设有多个剪草高度调节挡位。

6.4.3　使用与维护

草坪修剪机在使用过程中必须严格正确操作以确保人身安全及机器的使用寿命。草坪修剪机的种类很多，但操作使用基本相似，下面以步行草坪修剪机为例具体介绍其使用情况。

一、使用前的检查

（1）操作者在开始使用之前，必须认真阅读使用说明书，熟悉机器的各部分结构，并全面检查机器是否处于正常状态，各零部件有无松脱、损坏，特别是运动件和防护装置必须安装牢固，必要时，需对其进行更换。

（2）每次使用前必须检查机油油位，机油油位应在机油标尺范围内。不能太多，多了会弄潮空气滤清器，发动机难以起动或冒蓝烟，甚至引起飞车现象；少了润滑冷却不充分，会造成拉缸、烧坏曲轴连杆，严重的会打破缸体。

(3) 检查空气滤清器滤芯有无脏堵。每使用8h,应清理空滤芯一次;每使用50h,应更换滤芯。

(4) 应该准确测量现有草坪高度,并按照草坪养护的三分之一法则,选择合适的剪草高度。将调茬手柄调到合适的高度。

(5) 根据需要装上集草袋或出草口。

二、起动

仔细检查好后,方能起动。起动时,将油门开关打开,使控制杆与熄火螺钉断开。带加浓装置的汽油机,冷起动时,先按加浓按钮数次,增加混合气浓度,以便起动,如图6.4.7所示。

握住拉绳手柄,缓慢拉起动绳至无阻力作用时,再连续快速拉动起动绳,待汽油机起动后再将起动手柄放回原处,起动器有回弹装置,手松开手柄,拉绳自动复原。

图6.4.7 起动加浓示意图(箭头)

三、工作

割草前必须清理草坪上的石头、树杆、铁桩等障碍物,不可移动的障碍物要加上醒目标记。潮湿的场地不允许操作,因为路滑危险并会损伤机器。

要事先计划好机器的行走路线,按路线进行作业,以提高作业效率。

根据草的高度及茂盛情况,掌握草坪机的推行速度。手推式以人推动不十分费力为宜,自行式只需合上离合器,将油门控制手柄放在"工作"位置,即以恒定速度向前推进。

转弯操作时,手推式草坪机应两手将手推把向下按,使前轮离地再转弯。自行式草坪机转弯时先松开离合器手把,然后两手将手推把向下按,使前轮离地再转弯。

四、停机

将油门控制手柄推至慢速位置,运转2min后再推至停止位置,让发动机熄火。

五、保养与贮存

1. 刀片

要经常检查刀片与联轴套的连接情况及其锋利度、平衡度。变钝的刀片将使修剪的草坪参差不齐,并引起发动机负荷过大,需进行刃磨。一般用锉刀或在刃磨机上进行。切削刃理想的刃磨角度为30°,如图6.4.8所示。刀片磨损严重的应及时更换。使用中当刀片撞到其他物体时应及时检查其平衡性,如图6.4.9所示,避免因刀片弯曲或失去平衡而产生过大的振动。

2. 机壳

机壳内部要经常清理,碎草、污泥等物紧附壳内会影响出草顺畅并产生锈蚀。清理机壳时可将草坪机倾斜,注意倾斜方向,必须使空滤芯的一侧朝上,以防空滤芯被油污弄脏,造成通气不畅。

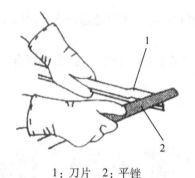 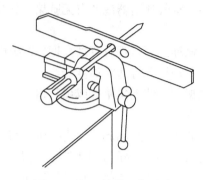

1：刀片　2：平锉

图6.4.8　刀片的锉磨　　　　图6.4.9　刀片静平衡测试

3. 汽油机

严格按照汽油机使用要求进行保养。

4. 润滑

前后滚轮每季度至少用轻质机油润滑一次。自行部分的传动机构,使用两年后应清洗、更换润滑脂一次。

5. 贮存

因为汽油存放时间过长,会成胶状,堵塞化油器。所以长期不用时应放尽机内汽油,然后起动机器,至机器自行熄火,使化油器内的汽油完全燃烧干净。贮存前应彻底清洗机器内外表面,并在转动部件和刀片表面涂油防锈。

6.5　草坪打孔机

草坪打洞通气养护是草坪复壮的一项有效措施,尤其是对人们经常活动、娱乐的草坪要经常进行打洞通气养护,即在草坪上按一定的密度打出一些一定深度和直径的孔洞,以延长其绿色观赏期和使用寿命。草坪打洞养护的主要机械设备是草坪打孔机。

6.5.1　草坪打孔刀具

根据草坪打孔透气要求的不同,通常有几种类型的刀具用于草坪打孔作业(图6.5.1)。

一、扁平深穿刺刀

这种刀具主要用于土壤通气和深层土壤耕作。

二、空心管刀

由于刀具为一空心圆管,打洞作业时可以将洞中土壤带出,留于草坪的洞可以填入新土,实现在不破坏草坪的情况下更新草坪土壤。用这种刀具进行打孔作业有助于肥料进入草坪根部,加快水分的渗透和空气的扩散。

第 6 章 园林养护机具

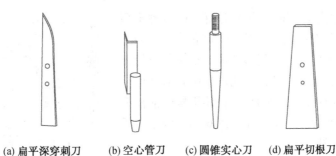

(a) 扁平深穿刺刀　　(b) 空心管刀　　(c) 圆锥实心刀　　(d) 扁平切根刀

图 6.5.1　草坪打孔刀具

三、圆锥实心刀

这种刀具在作业时刺入草坪而留下洞，洞的四周被压实，这样可以尽快干燥草坪表面的积水。

四、扁平切根刀

这种刀具主要用于切断草坪的部分草根，促使草坪更好地生长。

6.5.2　手工打孔机

这种打孔机结构简单（图 6.5.2），由一人操作，作业时双手握住手柄，在打孔点将中空管刀压入草坪底层到一定深度，然后拔出管刀即可。由于管刀是空心的，在管刀压入地面穿刺土壤时芯土将留在管刀内，再打下一个孔时，管芯内的土向上挤入一圆筒形容器内。该圆筒既是打孔工具的支架，也是打孔时芯土的容器。当容器内芯土积存到一定量时，从其上部开口端倒出。打孔管刀安装在圆筒的下部，由两个螺栓压紧定位，松开螺栓，管刀可上下移动用以调节不同的打孔深度。这种打孔机主要用于机动打孔机不适宜的场地及局部小块草地，如绿地中树根附近、花坛四周及运动场球门杆四周的打孔作业。

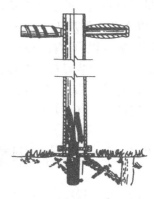

图 6.5.2　手工打孔机及作业

6.5.3　机动打孔机

根据刀具在作业时的运动方式，机动打孔机可分成垂直打孔机和滚动打孔机，这两种打孔机都有步行操纵式和乘坐操纵式的。

一、垂直打孔机

该类型打孔机在进行打孔作业时刀具做垂直上下运动，使打出的通气孔垂直于地面而没有挑土现象，从而提高了打孔作业的质量。步行操纵自走式打孔机主要由发动机、传动系统、垂直打孔装置、运动补偿机构、行走装置、操纵机构等组成。发动机的动力通过传动系统一方面驱动行走轮，另一方面通过曲柄滑块机构使打孔刀具做垂直往复运动。

为保证刀具打孔作业时垂直运动而不产生挑土现象,运动补偿机构在刀具插入草坪后,能推动刀具向相反于机器前进的方向移动,且其移动速度正好等于机器前进的速度,这样就能使刀具在打孔过程中相对地面保持在垂直状态。当刀具拔出地面后,补偿机构又能使刀具快速回位,准备进行下一次打孔。图6.5.3为草坪垂直打孔机结构示意图。

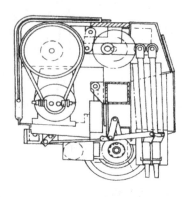

图6.5.3　草坪垂直打孔机

二、滚动打孔机

图6.5.4为步行操纵自走式草坪打孔机构造示意图,它主要由发动机、机架、扶手、操纵机构、地轮、镇压轮或配重、动力传动机构、刀辊等部件组成。发动机的动力通过传动系统一方面驱动行走轮,另一方面驱动刀辊滚动前进,安装在刀辊上的打孔刀具依次插入和拔出土壤,在草坪上留下通气孔。

这种类型的打孔机主要依靠机器本身的重量进行打孔,所以其上均配有镇压轮或配重,以增强打孔刀具的入土能力。它的主要工作部件是刀辊,具有两种形式,一种是在圆柱滚筒上均匀安装着打孔刀具,另一种是在一系列圆盘或等边多边形的顶角上安装着固定的或角度可调的打孔刀具。

图6.5.4　步行操纵自走式打孔机

6.5.4　使用与调整

(1)步行操纵式打孔机必须在地轮降下、刀辊升起、孔锥脱离地面的状态下起动。

(2)对于步行操纵式打孔机,开始作业时,要慢慢升起地轮、放下刀辊,双手握紧(接合)离合器杆,跟随打孔机前进;对于拖拉机悬挂式要在起步的同时慢慢放下打孔机。

(3)打孔机作业时不允许拐弯,拐弯时应拉起操纵手把,升起刀辊,对准作业行后,才能放下刀辊,握紧离合器杆,开始作业。

(4)有镇压轮加水时一定要加满,否则由于水在圆柱筒子中晃动,会使机组前进不稳定。

(5)有配重的机型,一般应在机架后部(刀辊上方)首先配重,需要全配重时才在前端配重。

(6)空心管式刀具堵塞后,会降低作业质量,使打孔不整齐或挑土严重,应及时清理存在管中的土石。

(7)步行操纵式打孔机的打孔深度可通过调整地轮高度来实现;拖拉机悬挂式可由拖拉机的位调节手柄来控制。

6.6 其他养护机具

6.6.1 梳草机

草坪生长过程中枯死的根、茎、叶堆积在草坪上,会阻碍土壤吸收水分、空气和肥料,导致土壤贫瘠,抑制新的草叶的生长,影响草的浅根发育,在干旱和严寒时节将导致其死亡。这就需要用草坪梳草机来梳去枯萎的草叶,促进草的生长发育。

根据动力的方式不同,草坪梳草机一般可分为手推式和拖拉机悬挂式两种。

草坪梳草机能梳草、梳根,有的还带有切根功能,其主要结构与旋耕机相似,只是将旋耕弯刀换成梳草刀。梳草刀有弹性钢丝耙齿、直刀、S 形刀和甩刀等形式。前三者结构简单,工作可靠;甩刀结构复杂,但克服变化外力的能力强,当突然遇到阻力增大时,甩刀会弯曲以减少冲击,因此有利于保护刀片及发动机的平稳性。

图 6.6.1 为手推式梳草机,主要由扶手、机架、地轮、限深辊或限深轮、发动机、传动机构和梳草刀辊等组成。梳草刀辊是在一根轴上装有许多具有一定间距的垂直刀片,发动机动力输出轴通过皮带与刀轴相连,带动刀片高速旋转,刀片接近草坪时,撕扯枯萎的草叶并将其抛到草坪上,待后续作业机械清理。刀片切入深度的调节可通过调节机构改变限深辊或限深轮的高度,或通过调节行走轮和刀轴的相对距离来实现。

拖拉机悬挂式梳草机是将发动机的动力通过动力输出装置传递到刀辊轴上,带动刀片旋转。刀片的切入深度由拖拉机的液压悬挂系统来调节。

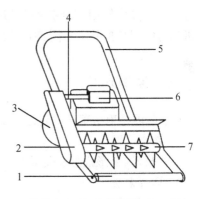

1:限深辊 2:皮带护罩 3:地轮
4:发动机轴 5:扶手 6:发动机
    7:梳草辊

图 6.6.1 手推式梳草机

6.6.2 施肥机具

拖拉机驱动的施肥机具的具体操作与整地机具基本相同。手推式是用人力代替拖拉机的动力,主要用于小块田地的施肥作业。操作过程中关键是按使用说明书和对施肥的要求,通过施肥机具本身的调节装置调节所需的施肥量。

施肥机具的维护保养主要是清洗、润滑和防锈。因为肥料大多数呈酸性或碱性,很容易腐蚀肥料直接接触的零部件,所以每次作业完后,都应将机器内的残存肥料清理干净;在一个播种施肥周期结束后,应把相应工作部件拆下进行清洗,待晾干后涂上防锈油或机油。

6.6.3 草坪修边机

草坪修边机是用于修整草坪边界的机具,通过修整以切断蔓伸到草坪界限以外的根茎,使草坪边缘线形整齐、美观。草坪修边机的切割刀具有细齿圆盘刀、旋转切刀、振动切刀、旋转尼龙绳等。

图6.6.2所示为步行操纵的草坪修边机,工作装置的刀具为细齿圆盘刀,由小汽油机驱动旋转。在把手架上设置有切割深度控制机构,可精确地调整圆盘刀的切割深度,同时还可调节圆盘刀的倾斜位置,实现草坪边界不同斜面的修整。该机有较宽的前轮,使其稳定性能良好,可在条件较差的场地进行修边作业。圆盘式修边机主要用于人行道或公路边草坪的修边作业,能切出平直的边线。

图6.6.2 步行操纵式草坪修边机

园林养护机具种类繁多,还有中耕除草机、碎根机、草坪辊、草坪开沟机、草坪滚压机等。它们的构造、工作、操作使用和维护保养与前面介绍的常见机具的使用维护基本相同,由于篇幅的限制,在这里不再一一赘述。

案例分析

一、草坪修剪机剪草时过渡振颤

1. 故障原因

刀片松动、变形或磨损使其失去平衡,均会引起草坪修剪机剪草时过渡振颤。

2. 排除方法

立即停机检查损坏情况,再检查有关的螺母、螺栓、销钉和连刀器是否紧固连接。对有损坏的部件马上予以更换或维修,注意应使用合格的刀片和零件进行更换。

二、草坪修剪机剪不动草

1. 故障原因

(1) 刀片变钝。

(2) 草坪茂盛而剪草速度又过快。

(3) 油门过小,内燃机输出功率过低。

2. 排除方法

(1) 刃磨刀片。

(2) 对长势茂盛的草坪要适当控制剪草速度。

(3) 适当加大内燃机油门。

三、打孔机挑土严重

1. 故障原因

(1) 刀具的角度不正确。
(2) 人为施加外力推拉把手。
(3) 圆盘两端弹簧太紧。
(4) 轴承损坏。
(5) 刀具变形。
2. 排除方法
(1) 调整角度。
(2) 只要握紧离合器杆和扶手,跟随机组前进,不可施加外力推拉把手。
(3) 调松弹簧,减小弹簧压力。
(4) 更换轴承。
(5) 维修或更换刀具。

本章小结

　　本章主要介绍了绿篱修剪机的类型、构造及其安全使用与维护的方法;割灌机的构造与工作及其工作部件的正确安装与使用维护的方法;油锯的主要工作部件及其安全使用与维护的方法;草坪修剪机的类型与构造及其正确使用与维护的方法;草坪打孔机的类型与打孔刀具的种类以及它们的使用与调整的方法;另外简介了其他一些园林养护机具的构造与使用的方法,如梳草机、播种施肥机、草坪修边机等。

复习思考

1. 绿篱修剪机有哪几类?
2. 使用草坪修剪机前为什么要进行检查?
3. 常用的草坪修剪机有哪几种?怎么选用?
4. 使用绿篱修剪机、草坪修剪机时应注意什么?
5. 使用割灌机时应注意什么?
6. 打孔机的刀具有哪几种类型?

第 7 章 园林灌溉设备

本章导读

本章主要要求学生了解园林用水泵的种类,掌握离心水泵的构造与工作、性能、型号及其使用与维护的方法;了解喷灌系统的组成与类型,掌握喷灌喷头的结构与工作以及喷灌系统的正确使用方法;了解微灌的种类与微灌系统的配套设备,掌握灌水器的类型与结构;简单了解自动化灌溉系统。

灌溉是保证作物正常生长发育的重要管理措施之一。我国传统的灌溉方式是地面灌溉(畦灌、沟灌、漫灌)。这种方式的最大缺点是水损特别大,造成水资源严重浪费。近年来,喷灌、滴灌等先进的节水灌溉技术得到迅速发展。

7.1 园林用水泵

当市政管网的水压不能满足灌溉的要求或使用地下水时,需要使用水泵供水。

7.1.1 水泵的种类

水泵分为离心泵、轴流泵、混流泵、井用泵、水轮泵等。离心泵结构简单、体积小、效率高、供水均匀,流量和扬程可在一定的范围内调节,故在园林园艺上广泛应用。本书只对离心泵作一介绍,有关其他水泵更详细的内容,请参考相关专业书籍。

7.1.2 离心泵的构造

离心泵由叶轮、泵壳、泵轴、皮带轮或联轴器、轴承、托架、填料与填料函和进出水口、底阀及滤网等组成,如图 7.1.1 所示。

一、叶轮

叶轮是水泵的重要工作部件。水泵靠叶轮旋转使被抽送的水具有一定的流量和扬程。离心泵的叶轮有封闭式、半封闭式和敞开式三种,如图 7.1.2 所示。封闭式适于抽送清水,半封闭式适于抽送含有杂质的水,敞开式适于抽送泥浆。

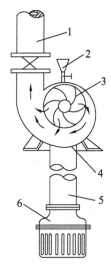

(a) 封闭式　　(b) 半封闭式　　(c) 敞开式

图 7.1.2　离心泵叶轮

1:出水管　2:充水漏斗　3:叶轮
4:泵壳　5:吸水管　6:底阀

图 7.1.1　离心泵构造原理示意图

二、泵轴、皮带轮或联轴器、轴承

泵轴的一端装有叶轮,另一端装有皮带轮或联轴器,其作用是把动力机的机械能传给叶轮。轴承用来支承泵轴。

三、泵体

泵体外形为蜗壳状,内腔有蜗旋形水道。顶部和下部各有一个螺孔,用螺塞堵住。上孔供灌水和排气用,下孔为放水孔。

四、填料与填料函

在泵轴穿出泵体的地方用填料密封泵体与泵轴之间的空隙,防止漏水和漏气。

7.1.3　离心泵的工作

离心泵的工作可分为两个过程。

一、压水过程

开机前先向泵体内和进水管内注满水,排净空气,因底阀关闭,注入的水不会外流。开机后,离心泵的叶轮随泵轴高速旋转,并带动泵体内的水做高速旋转,产生离心力,使叶轮槽内的水甩向四周,并在叶轮外缘沿切线方向甩离叶轮,沿着泵内螺旋形流道,顺着水管把水压送到高处,这就是离心泵的压水过程。

二、吸水过程

在压水的同时,当叶轮中的水被甩出,叶轮中心处原被水所占空间便形成低压区,而在吸水管口的水面上受到大气压力的作用,这样就产生了压力差。在此压力差作用下,水就冲开吸水管下部的底阀被吸入泵内,补充被叶轮甩出的水,这就是离心泵的吸水过程。

这样,叶轮不断旋转,离心泵就能不断地把水从低处抽送到高处。

另有一种自吸式离心泵,在第一次灌水后,下次起动不需要再灌水或只灌极少量的水,适用于起、停频繁的流动作业。

7.1.4 离心泵的性能参数

一、转速

转速指水泵叶轮每分钟的转数,单位为r/min,要求水泵的转速保持稳定。选择动力机的转速应与水泵铭牌上的转速一致。

二、扬程

扬程指水泵的提水高度,用符号 H 表示,单位为 m。铭牌上所标的扬程是指水泵在最高效率时的扬水能力,又叫总扬程,它包括实际扬程和损失扬程。实际扬程又为实际吸扬程和实际压扬程之和,如图 7.1.3 所示。因此,水泵的实际扬程比水泵铭牌上标的总扬程要小。

三、流量

流量指水泵在单位时间内的出水量,以符号 Q 表示,单位为 L/s 或 m^3/h。铭牌上所标的流量是指该泵最高效率时的流量。

四、比转速

比转速是水泵性能的一个综合性指标,以符号 n_s 表示。某台水泵的比转速是指一个假想的特殊叶轮的转速,在此转速下运转,该叶轮将会产生压力为 1.0m 水柱的扬程和 $0.075m^3/s$ 的流量。比转速与水泵流量、扬程、转速之间的关系为

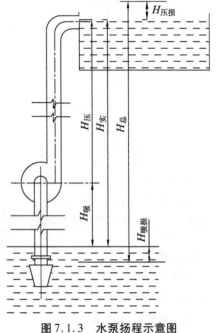

图 7.1.3 水泵扬程示意图

$$n_s = 3.65n\frac{\sqrt{Q}}{H^{3/4}}$$

式中:n_s——水泵的比转速;

n——水泵的额定转速(r/min);

Q——水泵的流量(m^3/s),S 型和 Sh 型泵的流量应除以 2 后代入上式;

H——水泵的扬程(m),多级泵用 1 个叶轮的扬程代入。

上式反映了水泵的一种水力特性。一般比转速较小的水泵扬程较高,流量较小;反之,比转速较大的水泵扬程较低,流量却较大。

五、功率

水泵机组在单位时间内所做的功称功率,以符号 P 表示,单位是 kW。水泵铭牌上标注的功率通常有两种,一种为配套功率($P_配$),一种为轴功率($P_轴$)。配套功率是与该水泵配套的动力机应有的输出功率;轴功率是水泵工作时需要动力机传到水泵轴上的功率。配套功率比轴功率大,因为动力机向水泵输出动力时,在传动中要损失一些功率,同时还需要有超载储备功率。

六、效率

效率是水泵的有效功率与轴功率的比值,以字母 η 表示。计算公式为

$$\eta = \frac{P_{效}}{P_{轴}} \times 100\%$$

式中的有效功率 $P_{效}$ 是指水从水泵得到的功率,所以又称水泵的输出功率,是水泵机组所做的有用功的功率,可以通过水泵的流量和扬程的大小计算出来。

七、允许吸上真空高度

允许吸上真空高度又称允许吸程,是指水泵的最大吸水高度。它表示水泵的吸水能力,也是确定水泵安装高度的依据,单位为 m。一般水泵的安装高度应比允许吸上真空高度小 1m 左右。

7.1.5 离心泵的型号

水泵的型号反映了水泵的型式、性能和规格,是水泵选型的重要依据。我国水泵型号用汉语拼音第一字母和阿拉伯数字来表示。表 7.1.1 列举了离心泵的型号及意义。

表 7.1.1 离心泵的型号及意义

种类	型号		举例	型号中字母的意义	型号中数字的意义
	新型号	旧型号			
单级单吸	BP 型	BP 型	65BP-55	BP:喷灌用离心泵	65:泵吸水口径为 65mm 55:扬程为 55m
	BPZ 型	BPZ 型	50BPZ$_{CZ}$-45	BPZ:喷灌用自吸式离心泵 CZ:与柴油机直连	50:泵吸水口径为 50mm 45:扬程为 45m
	IB 型 IS 型	BA 型 B 型	IB80-50-250 IS80-50-250	I:国际标准第一代号 B:"泵"汉语拼音第一字母 IS:国际标准	80:泵吸水口径为 80mm 50:泵排水口径为 50mm 250:叶轮名义直径为 250mm
单级双吸	S 型	SH 型	150S-50	S:单级双吸卧式离心泵	150:泵吸水口径为 150mm 50:扬程为 50m
多级分段	D 型	DA 型	D25-50×12 150D-50×12	D:分段式多级离心泵	25:流量为 25m³/h 150:泵吸水口径为 150mm 50:单级扬程为 50m 12:泵的级数为 12 级

7.1.6 水泵管路及附件

水泵必须配有管路及其他附件才能工作。水泵附件包括底阀、滤网、测量仪表、吸水管、压水管、闸阀、逆止阀或拍门等,如图 7.1.4 所示。

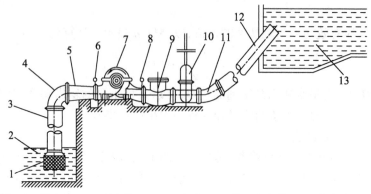

1：底阀　2：进水池　3：吸水管　4：90°弯头　5：偏心变径管　6：真空表　7：水泵
8：压力表　9：逆止阀　10：闸阀　11：45°弯头　12：出水管　13：出水池

图7.1.4　离心泵的管路及附件简图

水管用于输水,常用的有胶管、塑料管、钢管等。一般情况下,以进水管直径比水泵进口直径大50mm为宜,出水管直径不能小于水泵出口直径。

底阀是一个单向阀门,安装在吸水管的下端,用于防止充水或停车时的泄漏。在底阀的外面设有滤网。闸阀安装在出水口处,用来控制水泵的流量。逆止阀或拍门是防止停机后,因水的倒流产生的水锤作用损坏水泵和管路。

7.1.7　水泵的正确安装

由于一个大气压只能将水压到10.33m高,因此,离心泵必须安装在距水面相对位置较低的地方。水泵的安装应选择地面平坦、地基坚实、靠近水源和离水面近的地方,以便于维护保养。

水泵和动力机直接联接时,泵轴和动力机应保持同心;用皮带传动时,应使两皮带轮的轴线平行,中心距应小于2m,使皮带紧边在下,松边在上。

压水管的安装应使出水口稍高于贮水面。吸水管安装时,选用口径不宜小于水泵进水口径,吸水管路的任一端不得高于水泵的进水口,如图7.1.5所示。有底阀的进水管应垂直安装。吸水管与底阀的弯头的连接处,必须加垫片,拧紧螺丝,以免漏气。底阀在水下淹没的深度应不小于本身高度的3倍,周围吸水管面积应小于进水管横断面积的4~5倍。

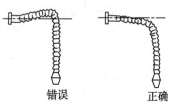

图7.1.5　吸水管的安装

7.1.8　水泵的选型

灌溉系统的工作首先是要选择、购买合适的水泵,即按照主、客观条件与节约的原则,根据排灌任务的实际需要,选择适合于该处使用、能保证效率较高的水泵型号和相匹配的动力及其他设备,经过妥善安装,使水泵正常工作,发挥经济效益。

一、水泵的性能曲线

水泵在额定转速下工作时,若改变流量,则水泵的扬程、轴功率、效率都会按一定的规律变化,若把这种变化规律用曲线的形式表示出来,就称为水泵的性能曲线。通常水泵有三条性能曲线,分别是流量-扬程($Q-H$)曲线、流量-功率($Q-P$)曲线和流量-效率($Q-\eta$)曲线。图7.1.6为离心泵性能曲线。

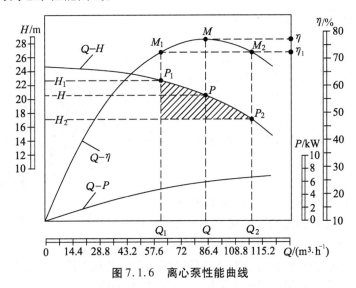

图7.1.6 离心泵性能曲线

通过性能曲线,可直观地了解各性能参数的相互变化关系。只要知道水泵的任一参数,就可以从性能曲线上查到相应的其他性能的参数值,从而正确选择和使用水泵。

二、流量与扬程的确定

水泵流量根据灌溉面积、每亩需要水量和水泵每天工作时间等因素,通过下式计算:

$$Q = \frac{A \cdot m}{J \cdot t}(1 + \delta)$$

式中:Q——实际所需水泵的流量(m^3/h);

A——总灌溉面积(亩);

m——每亩最大一次所需水量($m^3/$亩);

J——每次灌水所延续的天数(天);

t——水泵每昼夜工作的小时数(h/天);

δ——输水管道渗漏系数,一般 $\delta = 5\% \sim 25\%$,根据管路或渠道的情况而定。

根据水源水位高低和所需抽水高度,测量出实际扬程,并根据管路布置估算出损失扬程,两项之和即为水泵总扬程。一般灌溉所用的水管不长、弯头和接头不多,其损失扬程可粗略地按实际扬程的20%估算。

三、水泵的选型

通常按水泵的规格性能表选择水泵的型号。将不同型号的同类水泵按口径大小顺序排列,并把额定流量、扬程、轴功率等性能参数值,在表中一一标注出来,这种表称为水泵的规格性能表。该表可到相关手册或专业书籍中查找。

利用规格性能表选泵时,是把前面计算出来的所需流量和扬程与规格性能表中各种型号水泵的额定流量与额定扬程相对照,相符合者即为被选中的型号。查表时,如果找不到完全符合所需流量和扬程的水泵,则可选用最接近的泵。如果发现几种型号的泵都基本符合要求,则应从经济角度挑选效率高和售价低的水泵。

7.1.9 水泵的使用与维护

在园艺上所使用的水泵,大部分都是水泵和动力机连在一起的(图7.1.7),且动力机以汽油机居多,因为与柴油机相比较,汽油机具有转速高、结构轻巧、制造方便、工作平稳、起动容易等优点。具体使用步骤是:

(1)安装好进水管、出水管以及其他管路系统或辅助设备。

(2)从注水口将泵内注满水,并将注水口塞拧好。

(3)起动汽油机(具体操作方法见1.9.3)。

(4)水泵在汽油机的带动下运转,数分钟后就可见出口喷出一定流量和扬程的水,输入相关灌溉设备。

图7.1.7 汽油机与水泵连体

水泵停机时,应先慢慢关闭闸阀,并逐渐降低动力机转速再停机。长期存放的水泵和冬天在室内外使用的水泵停机后,应将泵体及管路内的水排净。

7.2 喷灌系统

喷灌即喷洒灌溉,是将具有一定压力的水通过专用机具设备由喷头喷射到空中,散成细小水滴,像下雨一样均匀地洒落在田间,供给作物水分的一种先进的节水灌溉方法。喷灌可以改变田间小气候,促进园林植物健康生长发育;喷灌对地形没有特殊要求,对坡度大、地形高低起伏的地表适应性较强;喷灌可节约用水,适时、定量供水,使有限的水得到最有效的利用;喷灌由于减少了沟渠,可提高土地的利用率,增加绿地面积;喷灌节省劳动力,保护环境资源,不会造成对地表的冲刷,不会形成径流。但喷灌也有不足之处,如受风力影响大,风力大于三级时不宜进行喷灌;当空气相对湿度过低时,水滴在空中漂移、蒸发损失较大;对土壤表层湿润好,但深层湿润不足;投资大、运行费用高。

7.2.1 喷灌系统的组成

喷灌系统由水源、水泵及动力、管路系统、喷洒器(喷头)等组成。现代先进的喷灌系统还可以设置自动控制系统,以实现作业的自动化。

一、水源

城市绿地一般采用自来水为喷灌水源,近郊或农村选用未被污染的河水或塘水为水源,有条件的也可用井水或自建水塔。

二、水泵与动力机

水泵是对水加压的设备,水泵的压力和流量取决于喷灌系统对喷洒压力和水量的要求。园林绿地一般由城市电网供电,可选用电动机为动力。无电源处可选用汽油机、柴油机作为动力。

三、管路系统

管路系统用来输送压力水至喷洒装置。管路系统应能够承受系统的压力并通过需要的流量。管路系统除管道外,还包括一定数量的弯头、三通、旁通、闸阀、逆止阀、接头、堵头等附件。

四、喷头

喷头是把具有压力的集中水流分散成细小水滴,并均匀地喷洒到地面或植物上的一种喷灌专用设备。

五、控制系统

控制系统就是在自动化喷灌系统中,按预先编制的控制程序和植物需水量参数,自动控制水泵起、闭并自动控制喷头按一定的轮灌顺序进行喷灌的一套控制装置。

7.2.2 喷灌系统的类型

喷灌系统按管道可移动的程度,分为固定式、半固定式和移动式三类。

一、固定式喷灌系统

在固定式喷灌系统中,水泵和动力机安装在固定位置,干管和支管埋在地下,竖管伸出地面,喷头固定或轮流安装在竖管上,如图 7.2.1 所示。这种喷灌系统操作方便、生产效率高、故障少,但投资大,适用于经常喷灌的苗圃、蔬菜区。

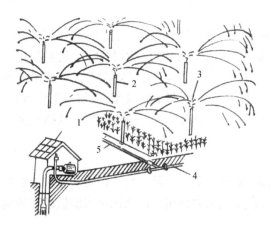

1:水源　2:竖管　3:喷头
4:干管　5:支管

图 7.2.1　固定式喷灌系统示意图

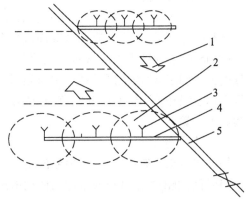

1:支管移动方向　2:单个喷头喷灌范围
3:竖管和喷头　4:支管　5:主干管

图 7.2.2　半固定式喷灌系统示意图

二、半固定式喷灌系统

在半固定式喷灌系统中,动力机、水泵和干管是固定的,喷头和支管可以移动,如图7.2.2所示。这种喷灌系统减少了管道投资,但劳动强度增大,且容易损坏苗木。

三、移动式喷灌系统

在移动式喷灌系统中,除水源外,其余部分均可移动。往往把可移动部分安装在一起,构成一个整体,称为喷灌机组,如图7.2.3所示。这种机组结构简单,设备利用率高,单位面积投资少,机动性好。

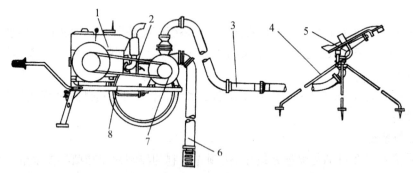

1:柴油机 2:传动皮带 3:输水管 4:支架 5:喷头 6:吸水管 7:水泵 8:车架

图7.2.3 移动式喷灌机组

7.2.3 喷头

喷头是喷灌系统中的重要设备,喷头性能的好坏直接影响喷灌的质量。喷头的种类很多,按其工作压强及控制范围可分为低压喷头(或称近射程喷头)、中压喷头(或称中射程喷头)和高压喷头(或称远射程喷头)。目前用得最多的是中射程喷头,其工作压强为300~500kPa,射程为20~40m。按结构形式和喷洒特征喷头分为固定式、孔管式和旋转式三种。

一、固定式喷头

固定式喷头又称为漫射式喷头或散水式喷头,它的特点是在喷灌过程中,所有部件相对于竖管是固定不动的,而水流在全圆周或部分圆周(扇形)同时向四周散开,一般射程较短为5~10m,喷灌强度为15~20mm/h,多数喷头的水量分布不均匀,近处喷灌强度比平均喷灌强度大,因此其使用范围受到一定的限制。但其结构简单,没有旋转部件,所以工作可靠,而且工作压强较低,常用在公园、草地、苗圃、温室等处。固定式喷头形式很多,概括起来可分为如下三类。

1. 折射式喷头

折射式喷头一般由喷嘴、折射锥的支架组成,如图7.2.4所示。水流由喷嘴垂直向上喷出,遇到折射锥即被击散成薄水层沿四周射出,在空气阻力作用下形成细小水滴散落在四周地面上。

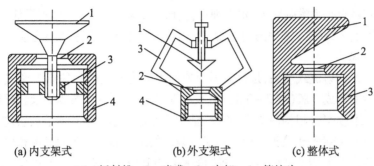

(a) 内支架式　　　　(b) 外支架式　　　　(c) 整体式

1：折射锥　2：喷嘴　3：支架　4：管接头

图 7.2.4　折射式喷头

2. 缝隙式喷头

缝隙式喷头结构如图 7.2.5 所示,就是在管端开出一定形状的缝隙,水从缝隙喷出形成雨滴。缝隙与水平面形成 30°角,使水舌喷得较远。

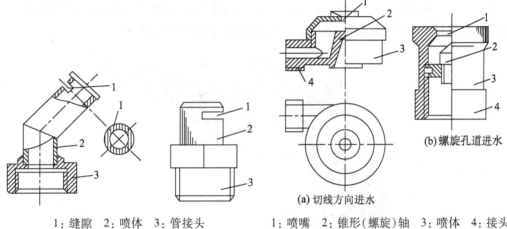

1：缝隙　2：喷体　3：管接头

图 7.2.5　两种缝隙式喷头

1：喷嘴　2：锥形(螺旋)轴　3：喷体　4：接头

图 7.2.6　离心式喷头

3. 离心式喷头

离心式喷头由喷管和喷嘴的蜗形外壳构成,如图 7.2.6 所示。工作时水流沿切线方向进入蜗壳,使水流绕垂直轴转动,这样经喷嘴射出的水膜同时具有离心力和圆周速度,所以水膜能向四周散开,形成雨滴进行喷灌。

二、孔管式喷头

孔管式喷头由一根或几根较小直径的管子组成,在管子的顶部分布一些小喷水孔,喷水孔直径仅为 1～3mm。有的孔管上有一排小孔,水流从一个方向喷出,如图 7.2.7 所示;还可以利用摆动器摆动孔管使水流向两侧喷出;还可在孔管上侧布置两排小孔,使水

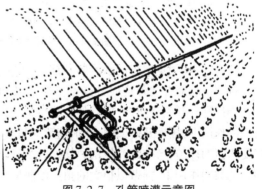

图 7.2.7　孔管喷灌示意图

流喷向两侧。其缺点是喷灌强度大;水舌细小,受风力影响大;由于工作压强低,支管上实际压强受地形起伏影响大,通常只能用于平坦地表;因孔口太小容易发生堵塞现象。

三、旋转式喷头

旋转式喷头又称射流式喷头,是目前国内外使用最为普遍的一种喷头形式。它使压力水流通过喷管及喷嘴形成一股(或2~3股)集水水舌射出,水舌在空气阻力及粉碎机构作用下形成细小的水滴,又因为转动机构使喷管和喷嘴围绕竖轴缓慢旋转,这样水滴就会均匀地喷洒在喷头的四周,形成一个半径等于喷头射程的圆形或扇形的湿润面积。转动机构和扇形机构是旋转式喷头的重要组成部分,因此常根据转动机构的特点将其分成摇臂式、叶轮式和反作用式三种。

1. 摇臂式喷头

摇臂式喷头是旋转式喷头的主要形式,在生产实践中应用最多,主要由喷洒机构、旋转密封机构、驱动机构、换向机构组成。喷洒机构由空心轴及轴套、喷管、稳流器、喷嘴等组成;旋转密封机构由减磨密封圈、胶垫、防沙弹簧等组成;驱动机构由摇臂、摇臂弹簧、摇臂轴等零件组成;换向机构由限位环、拨杆、摆块、反转钩等组成,限位环、拨杆和摆块位于喷洒机构上,而反转钩位于摇臂上。图7.2.8为单嘴带换向机构摇臂式喷头的结构图,可实现扇形喷洒;图7.2.9为双嘴摇臂式喷头的结构图,无换向机构,只能全圆喷洒。

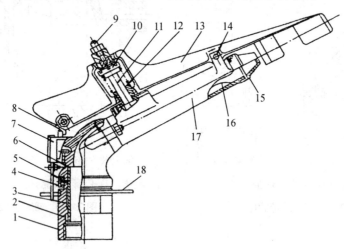

1:空心轴套 2:减磨密封圈 3:空心轴 4:防砂弹簧 5:弹簧罩 6:喷体 7:换向器
8:反转钩 9:摇臂调位螺钉 10:弹簧座 11:摇臂轴 12:摇臂弹簧 13:摇臂
14:摆块 15:喷嘴 16:稳流器 17:喷管 18:限位环

图7.2.8 单嘴带换向机构摇臂式喷头结构

喷灌时,从喷嘴射出的水流射到摇臂前端导水器的导水板上(图7.2.10),水流的反作用使摇臂获得动能并向外逆时针摆动。摇臂摆动时绕摇臂轴转动,使摇臂弹簧扭转,产生扭力矩。当摇臂外摆到终点时,摇臂弹簧获得最大的扭力矩,此时摇臂停止逆时针转动,在弹簧扭力矩的作用下,摇臂开始回摆,并加速顺时针转动。当摇臂的导水器切入水流时,偏流板最先接受水流的冲击,产生的反作用力使摇臂加速回摆。在回摆惯性力矩和偏流板上水流的反作用力的共同作用下,摇臂以很大的角速度碰撞喷头体打击块,使喷头顺时针转动3°~5°。碰撞结束后,摇臂在水流的作用下再次外摆,重复上述旋转运动过程,驱动喷头间歇运动。

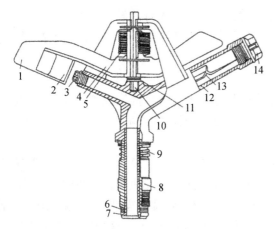
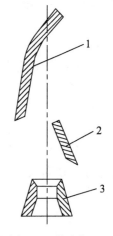

1：导水板　2：偏流板　3：小喷嘴　4：摇臂　5：摇臂弹簧
6：三层垫圈　7：空心轴　8：轴套　9：防砂弹簧　10：摇臂轴
11：摇臂垫圈　12：大喷管　13：稳流器　14：大喷嘴

图 7.2.9　双嘴摇臂式喷头结构图

1：导水板　2：偏流板　3：喷嘴

图 7.2.10　摇臂式喷头导水器

对扇形喷洒的喷头,其换向由换向机构来完成。图 7.2.11 为摆块式换向器结构示意图。首先将限位环调整到所需范围,当喷头顺时针转到换向机构的拨杆与一限位环相碰时,拨杆迫使摆块突起,能与摇臂上的反转钩相碰[图 7.2.11(b)]。此时,摇臂上导水板在水流的冲击作用下逆时针向外摆动,通过反转钩直接撞击喷头上的摆块,使喷头逆时针方向快速摆动,当摆动到拨杆与另一限位环相碰时,拨杆迫使摆块落下,摇臂在水流冲击作用下,不能与反转钩相碰[图 7.2.11(a)],可自由外摆,完成顺时针间歇转动,直至转动到拨杆与限位环相碰时,重复上述过程,从而实现扇形喷洒。

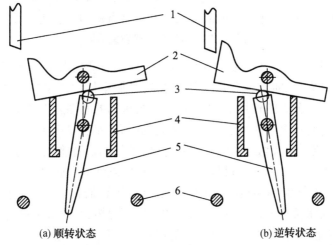

1：摇臂上反转钩　2：摆块　3：钢珠　4：喷头体　5：拨杆　6：限位环

图 7.2.11　摆块式换向器结构示意

2. 叶轮式喷头

叶轮式喷头又称涡轮涡杆式喷头,如雨鸟 T. BIRD 系列、美国的 TORO2001 与 TORO

V.1550系列等,靠喷嘴喷射出的水舌冲击叶轮,带动涡轮涡杆旋转。这种喷头工作可靠,转速均匀,基本上不受振动、风力及安装是否水平等因素的影响,但加工比较复杂,造价高,现在用得较少。

3. 反作用式喷头

反作用式喷头利用水舌离开喷嘴时对喷头的反作用力直接推动喷管旋转,常见的有垂直摇臂式、全射流式等。下面以国内外使用较多的垂直摇臂式喷头为例介绍反作用喷头的构造与工作。

垂直摇臂式喷头一般也由喷洒机构(包括空心轴及轴套、喷体、喷管、稳流器、喷嘴等零件)、旋转密封机构(包括轴承及轴承座、密封圈等零件)、驱动机构(包括摇臂、反向摇臂、摇臂轴等零件)、换向机构(包括挡块、滚轮、换向架、拉杆、弹簧等零件)和限速机构(包括摩擦垫、压插、压簧等零件)五部分组成,具体结构如图7.2.12所示。这种喷头与供水管之间常用法兰盘连接。

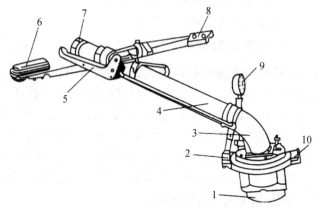

1:空心轴套 2:换向器 3:喷体 4:喷管 5:反转摇臂
6:摇臂 7:喷嘴 8:配重 9:压力表 10:挡块

图 7.2.12 垂直摇臂式喷头结构

工作时,高速射流从喷孔(多数为环形)射出,冲击垂直摇臂上的导流器。冲击力分成向下、向左的两个分力,在向下分力的作用下,摇臂克服平衡锤的重量和摇臂轴的轴承摩擦阻力向下运动;在向左分力的作用下,克服旋转密封机构的摩擦阻力和限速机构的制动摩擦阻力,使喷头向右旋转一个小角度。摇臂向下运动时,其平衡块升高,在平衡块重力矩的作用下,摇臂返回,导流器再次切入水流。同时,摇臂轴处的摇臂橡胶块与该处的配重橡胶块碰撞,使摇臂转速为零。重复上述过程,喷头不断做间歇性向右转动(正转)。当换向架(轭架、滚轮、啮合限位器合称为换向架)上的滚轮和啮合限位器相接触时,轭架通过反转拉杆,拉动反转臂,使其切水板切入射流,产生向左的反作用力矩,使喷头迅速向左旋转,直至轭架滚轮接触脱开限位器,使传动杆推动反转臂的切水板离开射流,喷头重新开始正转。

喷头按在地面上的安装位置可分为地埋式和外露式两种。地埋式喷头在园林绿地和运动场草坪喷灌中的应用日益广泛。地埋式喷头由于在非工作状态下不暴露在地面上,因此不妨碍园林绿地的养护工作,也不影响整体的景观效果,同时在一定程度上还可以避免人为损坏。现在这类产品的规格比较齐全,选择范围大,基本能满足不同类型绿地草坪对喷灌的专业化要求。

地埋式喷头一般由喷体、喷芯两部分组成。旋转式喷头除以上部分外,还在喷芯内装有保证喷头旋转的传动装置。图7.2.13是地埋式旋转喷头的结构与外形图;图7.2.14是地埋式散射喷头外形图;图7.2.15是自动升降埋藏式喷洒器的外形图,它主要用于对体育等场地的高强度大面积喷洒。

(a) 亨特PGM系列

(b) 雷欧303AN

(c) 3500系列

图 7.2.13　地埋式旋转喷头

图 7.2.14　雨鸟 US 系列地埋式散射喷头

喷体是喷芯的外壳部分,是支承喷头的结构部件。喷体底部有标准内螺纹,用于和管道连接。在水压作用下喷芯从喷体伸出,使整个喷头高度增加。

喷芯是喷头在工作状态时伸缩的部分,它包括喷嘴、滤网、止溢阀、复位弹簧和传动装置。

固定式喷头喷嘴与喷芯以螺纹连接,个别情况下,喷嘴与喷芯是连为一体的,不可调换。固定式喷头的喷洒覆盖区域一般呈扇形,而且扇形的角度有两种,一种是单区调节,另一种是多区调节,如图 7.2.16 所示。单区调节喷嘴的覆盖区域在0°~360°范围内连续变化,当扇形圆心角为 0°时,喷嘴完全关闭;当扇形圆心角为 360°时,喷洒区域为圆形,即为全圆喷洒。多区调节喷嘴将全圆分成几个区域,每个区域的喷洒范围可根据需要单独调节。工作时它的喷洒水形可以是连续的,也可以是间断的,主要取决于绿地形状。多区调节喷嘴能够更好地满足不规则地形的喷灌要求。为满足不同射程的要求,各型号的喷头一般都提供几种不同规格的喷嘴与其配套。

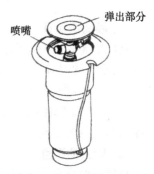

图 7.2.15　自动升降埋藏式喷洒器

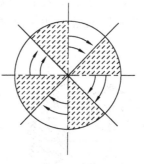
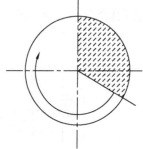

图 7.2.16　喷嘴喷洒区域的调节

旋转式喷头一般采用可置换的单孔和多孔的喷嘴。与喷头配套的喷嘴有不同规格,它们有不同的仰角、孔径或喷口的排列,以满足不同的水源、气象和地形条件对喷灌的要求。

滤网的作用是过滤水中的杂质,保护喷嘴免遭堵塞。滤网的安装位置分为上置式和下置式。上置式滤网安装在喷芯底部,多用于固定式喷头中喷嘴和喷芯为分体结构的场合。下置式滤网安装在喷芯底部,多用于喷嘴和喷芯为连体结构的固定式喷头和各种旋转式喷头,下置式滤网的过水面积比上置式滤网大。滤网可以拆下清洗更换。

复位弹簧的作用是当喷灌系统关闭后使喷芯复位。启动喷头工作的最小水压应使复位弹簧压缩,这样喷芯才能伸出地面。

止溢阀的作用是防止喷灌系统关闭后,管道中的水从地势较低处的喷头顶部溢出,造成地表径流、局部积水或土壤侵蚀。止溢阀位于喷芯的底部,一般属于选择部件。

传动装置用来驱动喷芯在喷洒过程中旋转,以使喷头实现全圆或扇形喷洒。与摇臂式喷头不同,地埋式喷头最普遍的传动方式是齿轮传动。动力来源于喷芯下部的转子[图7.2.13(a)],转子的叶片倾角可以改变,以使转子换向。叶片受到水流的轴向冲击后旋转,旋转力矩通过齿轮向上传递,带动喷芯顶部的喷嘴部分旋转。喷头的旋转角度可以预先设置。

地埋式喷头的种类和型号很多,每一种喷头都有自己特有的使用范围,可结合具体情况,依据相关手册选择合理的喷头。

7.2.4 喷灌系统的使用

一、喷头的选择

应根据灌溉面积大小、土质、地形、作物品种、不同生长期的需水量等因素合理选择喷头,包括喷头的型号、流量、射程、工作压力和喷嘴直径等。蔬菜和幼嫩作物选用细小水滴的低压喷头;一般作物,可选用水滴较粗的中、高压喷头;粘性土和山坡地,选用喷灌强度低的喷头;砂质地和平坦地,选用喷灌强度高的喷头。此外,根据喷洒方式的要求不同,可选用扇形或圆形喷洒的喷头。

二、喷头的配置

喷灌系统多采用定点喷灌,可以全圆喷洒,也可以扇形喷洒。喷头配置的原则是保证喷洒不留空白,并有较好的均匀度。常用的配置方式有四种,如图7.2.17所示,支管间距b和沿支管的喷头间距L如表7.2.1所示。从表中可以看出,全圆喷洒的正方形和正三角形有效控制面积最大,但在风力影响下,往往不能保证喷灌的均匀性。因此,有风时可采用矩形和等腰三角形的组合方式。

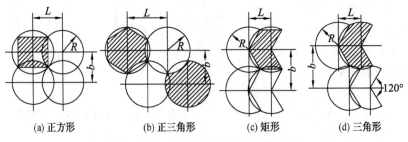

图 7.2.17 几种常用的喷头配置形式

表 7.2.1　常用喷头配置方式

喷洒方式	组合方式	支管间距 b	喷头间距 L	有效控制面积	备注
全圆	正方形	1.42R	1.42R	$2R^2$	R 为喷头的射程
全圆	正三角形	1.5R	1.73R	$2.6R^2$	R 为喷头的射程
扇形	矩形	1.73R	R	$1.73R^2$	R 为喷头的射程
扇形	三角形	1.865R	R	$1.865R^2$	R 为喷头的射程

三、喷头的安装

外露式喷头一般通过螺纹与相应的管道连接,安装时应注意密封,正确选择合适的密封圈;地埋式喷头安装时,应与地面平齐,为防止机器碾压或地面下沉,最好与供水管之间采用铰接接头组成柔性连接,如图 7.2.18 所示。

四、管网布置

管道是喷灌系统的主要组成部分,常采用的管材有塑料管、钢筋混凝土管和铸铁管等。应根据实际的地形、地貌和灌溉面积及主风方向,决定管道安装位置和管道直径。布置的管网应使管道总用量最少,一

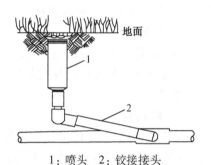

1：喷头　2：铰接接头
图 7.2.18　地埋式喷头安装示意图

般干管直径为 75~100mm,支管直径为 38~75mm,支管应与干管垂直或按等高线方向安装,在支管上各喷头的工作压力应接近一致。竖管垂直安装在支管上,一般高出地面 1m 左右。管道在纵横方向布置时应力求平顺,尽量减少转弯、折点或逆坡布置。在平坦地区的支管应尽量与作物种植和耕作方向一致,以减少竖管对机耕的影响。为便于半固定管道式和移动管道式喷灌系统的喷洒支管在田间移动,一般应设置两套支管轮流使用,避免刚喷完后就在泥泞的土地上拆移支管。移动管道式喷灌系统的干管应尽量安放在地块的边界上,避免移动时损伤作物。另外,应根据轮灌要求设置适当的控制设备,一般一条支管装置一套闸阀,在管道起伏的高处应设置排气装置,低处设置泄水装置。

7.3　微灌设备

微灌是微量灌溉的简称,它是一种主要通过塑料材质的管道系统以及安装在系统末端的灌水器,将低压水按作物实际耗水量适时、适量、准确地补充到作物根部附近土壤进行灌溉的一种新的灌溉技术。它把灌溉水在输送过程中的损失和田间的深层渗漏、蒸发损失减少到最低程度,使传统的"浇地"变成"浇作物"。由于它只向作物根部土壤供水,故亦称局部灌溉。

微灌仅湿润栽培植物根部附近土壤,而栽培植物之间地面较干燥,所以不易生长杂草。微灌利用管网输水,操作方便,便于实现自动控制,并能结合施肥,对土壤和地形的适应能力

也较强。缺点是灌水器出水口较小、易堵塞,对水质要求较高,灌溉用水必须经过严格过滤,因此投资较大。微灌适用于温室、花卉和园林灌溉。

7.3.1 微灌的种类

微灌可分为滴灌、微喷灌、渗灌(地下灌)、涌泉灌、雾灌等。

一、滴灌

滴灌是利用安装在毛管(末级管道)上的滴头、滴灌带等滴水器,将压力水以滴状,频繁、均匀而缓慢地滴入植物根区附近土壤的微灌技术。

二、微喷灌

微喷灌是利用安装在毛管上的微喷头,将压力水均匀而缓慢地喷洒在根系周围的土壤上。也可将微喷头安装在温室大棚等栽培设施内的屋面下,组成微喷降温系统,增加空气湿度,改善田间小气候。

三、涌泉灌

涌泉灌又称小管出流灌,是利用涌水器或小管灌水器将末级管道中的压力水以涌泉或小股水流的形式灌溉土地的一种方法。

四、渗灌

渗灌又称地下灌,是目前节水灌溉中较理想的一种。它是将水分和养分转化为土壤的湿度和肥力,直接供植物吸收的一种灌溉技术。它将低压水通过埋在地下的透水管,经管壁微孔往外渗,湿透土壤,再借助于土壤的毛细管作用,将水分和养分扩散到周围,供作物根系吸收利用。这种方法比较适合草莓的灌溉,因为草莓的果实不宜直接接触到水。

7.3.2 微灌系统的配套设备

微灌系统由水源工程、首部枢纽、输配水管网、灌水器等组成,如图7.3.1所示。

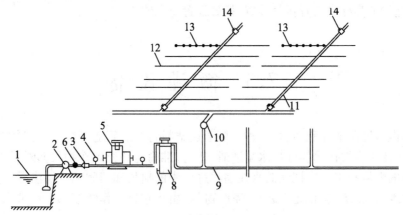

1:水源 2:水泵 3:流量计 4:压力表 5:化肥罐 6:阀门 7:冲洗阀 8:过滤器
9:干管 10:流量调节器 11:支管 12:毛管 13:灌水器 14:冲洗阀门

图7.3.1 微灌系统组成示意图

一、水源工程

河流、湖泊、塘堰、沟渠、井泉等,只要水质符合微灌要求,均可作为微灌的水源。为了充分利用各种水源进行灌溉,往往需要修建引水、蓄水和提水工程,以及相应的输配电工程,这些通称为水源工程。

二、首部枢纽

首部枢纽包括水泵、动力机、肥料、化学药品注入设备、水质净化装置、控制设备、调节设备、量测设备及安全装置等。

1. 施肥施药装置

将施肥施药与灌溉结合进行,是微灌技术的一大优点。将化肥与农药注入管道中进行施肥施药所用的设备,称为施肥施药装置。施肥施药装置应设置在水源与过滤器之间,以防堵塞管道和灌水器。在水源与施肥施药装置之间必须设置逆止阀,以防化肥和农药进入水源。施肥施药后必须用清水将残留在系统内的化肥和农药冲洗干净。

2. 水质净化装置

微灌系统的灌水器出水孔口直径微小,易被污物堵塞,因此,对灌溉水进行严格的净化处理,是保证微灌系统正常工作、提高灌水质量、延长灌水器寿命的关键措施。在灌溉水中注入某些化学药剂,可中和某些化学物质;用消毒药品可杀死藻类和微生物;采用拦污栅、沉淀池、过滤器等物理设施可对一些物理性杂质进行处理。

3. 控制、调节、量测设备及安全装置

微灌系统中安装必要的控制、调节、量测设备及安全装置,是为了确保系统正常运行。这些设备与装置除了安装在首部以外,在系统管道中任一需要的位置都要安装。

三、输配水管网

输配水管网由干、支、毛管等3～4级管道组成,其中干、支管道担负着输水和配水的任务,毛管为末节灌水管道。一般干、支管埋入地下。微管所采用的各级输水管几乎全用塑料管材,常用的有高压聚乙烯、聚氯乙烯、聚丙烯等。塑料管的优点是重量轻、阻力小、挠性好、光滑、耐压、容易生产、成本低;缺点是阳光下易老化,使性能降低、寿命变短,但埋入地下使用寿命可达20余年。

四、灌水器

灌水器是微灌系统的执行部件,它的作用是将压力水用滴灌、微喷、渗灌等不同方式均匀而稳定地灌溉到植物根系附近的土壤中。目前国内外生产应用的灌水器种类很多,主要有滴头、滴灌带、微喷头、渗灌管等。

1. 滴头

滴头均由塑料制成,其功能是减少经毛管流入滴头的压力水流的能量,并以稳定、均匀的流量(每小时只有几升)滴入土壤。滴头的类型很多,按其消能和减压方式的不同,分为长流道式、孔口式、压力补偿式和多位可调式;按滴头与毛管连接方式的不同,分为管接式和插接式(旁插式)。

长流道式又可分为微管式和管式两种。微管式滴头是一种比较简单的滴头,就是一根内径为0.8～2.0mm的微塑料管直接插入毛管,借助水流在长长的微管中流动的摩擦来消除多余的能量,可用改变微管长度的办法来调节出水流量。一般情况下,将微管从毛管上拖

下来,将出口放在需要滴灌的地方;有时为了便于移动,将微管缠绕在毛管上,如图7.3.2所示。管式滴头工作原理与微管式滴头相似,只不过用塑料压成一个长流道来达到消能的目的,其流道形状如图7.3.3所示,可以是螺纹式[图(a)和图(e)],也可以是迷宫式[图(c)]或者是平面螺纹式[图(d)]等。

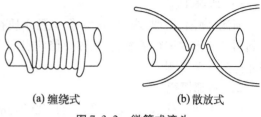

图7.3.2 微管式滴头

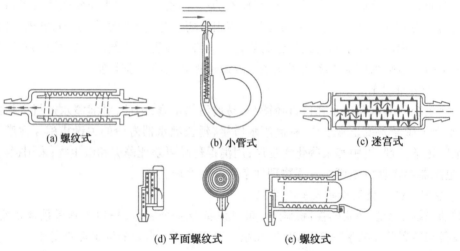

图7.3.3 几种管式滴头结构示意图

孔口式滴头是由一个孔口和一个盖子组成的,水流从孔口射出,冲在盖子上以达到消能的目的,如图7.3.4所示。

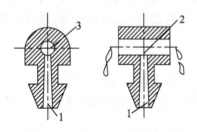

1:进口 2:出口 3:横向出水道

图7.3.4 孔口式滴头

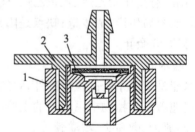

1:滴头盖 2:底座 3:橡胶补偿片

图7.3.5 压力补偿式滴头

压力补偿式滴头是在一定的工作压力范围内,出水流量稳定不变的灌水器。灌水器内部有一弹性补偿片,主要作用是当压力变化时调节出水流量不随压力变化。工作时借助水流压力使弹性体形态变化而改变出水流道面积大小,从而获得一个稳定不变的出水流量,如图7.3.5所示。

另外,为了更好地调节出水流量,一些滴头设有多个可调节流量的挡位,在不同的工作压力下,可通过调节不同挡位,改变出水流道的截面大小,从而达到所需出水量要求,这种滴头称为多位可调式滴头。图7.3.6为一五位可调式滴头的结构图,由减压帽、调节芯和插座三部分组成。

2. 滴灌带(管)

滴灌带(管)是在制造的过程中将滴头与毛管组装成一体,兼具配水和滴水的功能。其中管壁较薄,可压扁成带状的称为滴灌带;管壁较厚,管内装有专用滴头的称为滴灌管,如图7.3.7所示。

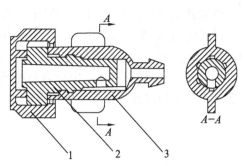

1:减压帽 2:调节芯 3:插座

图7.3.6 五位可调式滴头

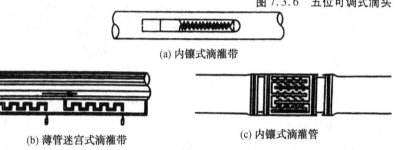

(a) 内镶式滴灌带

(b) 薄管迷宫式滴灌带

(c) 内镶式滴灌管

图7.3.7 滴灌带(管)

3. 微喷头

微喷头是将末级管道(毛管)中的压力水流以细小水滴喷洒在土壤表面的灌水器。微喷头喷水量小,射程近,雾化性能好。一般单个微喷头的喷水量不超过300L/h,射程不大于7m。微喷头按结构和工作原理可分为旋转射流式、折射式、缝隙式和离心式四种。

旋转射流式微喷头(图7.3.8)由支架、喷嘴、旋转折射臂组成,旋转折射臂绕喷嘴旋转。压力水从喷嘴喷出后,喷射到可旋转的单向折射臂上,折射臂使水流按一定角度射出,水流的反作用力使折射臂快速旋转,喷嘴喷出的水流也随之旋转。

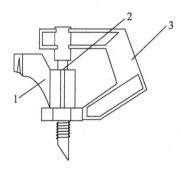

1:旋转折射臂 2:喷嘴 3:支架

图7.3.8 旋转射流式微喷头

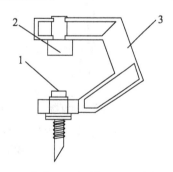

1:喷嘴 2:折射锥 3:支架

图7.3.9 折射式微喷头

折射式微喷头(图7.3.9)的主要部件有喷嘴、支架、折射锥。压力水从喷嘴垂直向上喷出,水流在折射锥表面被散射成薄水膜向四周喷出。水膜在空气阻力的作用下形成细小水滴,散落在地面上。

缝隙式微喷头(图7.3.10)一般由两部分组成,下部是底座,上部是带有缝隙的盖。水流经过缝隙喷出,在空气阻力的作用下,裂散成水滴,洒落到作物上。

离心式微喷头的主要部件是一个离心室,水流从其切线方向进入,在内壁绕离心室的垂直轴旋转,然后由离心室顶部中央的喷嘴喷出。在离心力的作用下,旋转的水流形成水膜,水膜在空气阻力的作用下形成细小水滴,洒向四周。

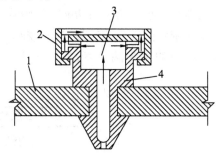

1:毛管壁　2:涌水器罩　3:消能室　4:涌水器体

图7.3.10　缝隙式微喷头　　　　　图7.3.11　涌水器

4. 涌水器和小管灌水器

涌水器的结构形式如图7.3.11所示,毛管中的压力水流通过涌水器以涌泉的方式灌入土壤表面。

图7.3.12是小管灌水器的装配图。它由直径小于等于4mm的塑料小管和接头连接插入毛管壁而成,具有工作水头低、孔口大、抗堵塞性能强等优点。有的在接头前加装稳流器,使出水流量不随水压变化而变化。从而稳定流量,如图7.3.12(b)所示。

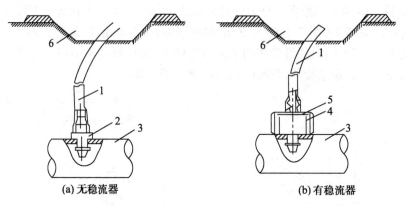

(a) 无稳流器　　　　　　　(b) 有稳流器

1:φ4小管　2:接头　3:毛管　4:稳流器　5:胶片　6:渗水沟

图7.3.12　小管灌水器

5. 渗灌管

我国采用的地下渗水管主要有五种形式,即陶土渗水管、塑料渗水管、合瓦渗水管、灰土渗水管及鼠道式土洞。渗灌管管壁上分布有许多细小弯曲的透水微孔,如图7.3.13所示。

图7.3.13　多孔渗灌管

7.3.3 微灌系统的使用与维护

一、微灌系统的布置

微灌系统的首部枢纽尽可能布置在系统的中央,以缩短输水距离,节约投资。在面积较小的灌区,为了操作的方便,多布置在靠近水源的一侧。管路的布置,在平地,毛管应顺耕作方向并垂直于支管作对称布置,支管垂直于干管;在坡地,干、支管顺接,沿坡向下布置,毛管沿等高线布置。

二、灌水器的布置

同一微灌系统,尽可能选用同一型号的灌水器。灌水器的间距根据作物种类和栽植方式而定。成行的浅根作物,一般为 30~40cm;不成行的深根作物,一般为 40~50cm。果树在树冠半径的 1/2 处绕四周均匀布置,树龄为 10~20 年的配置 4 个灌水器,10 年以下的配置 2 个灌水器。葡萄和矮化果树,毛管应沿树根单行直线布置,灌水器间距为 1m 左右。

三、微灌系统的维护保养

为保证各灌水器流量均匀并满足作物的需水量,微灌用水应采取有效的沉淀和过滤措施,且必须经常清洗过滤器。

由于温度和压力的变化,以及灌水器的老化与堵塞等原因,灌水器的流量难于精确控制。为此,必须在使用中进行调节。主要调节方法是:通过压力和流量调节器,调节支管进水口的压力,以控制灌水器流量的大小;定期检查、调整阀门,以保持各小区间灌水器流量的均匀一致。

入冬前要打开固定配水管道末端阀门,排净管道内的积水,防止冻裂。

由于细砂、淤泥和粘土等易在支管和毛管末端水流缓慢处沉淀,造成灌水器堵塞,所以必须定期清洗微灌系统,一般为每年一次。冲洗时要先从干管开始,然后是支管和毛管。

7.4 自动化灌溉系统简介

灌溉系统实现自动控制可以精确地控制灌水定额和灌水周期,适时、适量地供水;可提高水的利用率,减轻劳动强度和运行费用;可以方便灵活地调整灌水计划和灌水制度。因此,随着经济的发展和水资源的日趋匮乏,越来越多的节水灌溉系统采用自动控制,特别是经济价值较高的经济作物、花卉、草坪、温室等的灌溉系统。灌溉系统的自动化控制已成必然趋势。

自动化控制系统有全自动化和半自动化两种。全自动化灌溉系统运行时,不需要人直接参与控制,而是通过预先编制好的程序并根据作物需水参数自动起、闭水泵和阀门,按要求进行轮灌。自动控制部分设备包括中央控制器、自动阀门、传感器等。半自动化灌溉系统不是按照植物和土壤水分状况及气象状况来控制水,而是根据设计的灌水周期、灌水定额、灌水量和灌水时间等要求,预先编制好程序输入控制器,在田间不设传感器。

各种灌溉技术都有其各自的特点、适应性和局限性,有些技术在国内还处于试验推广阶段,各地可因地制宜地选用。

 案例分析

一、起动时或运转中水泵不出水或出水少

1. 故障原因

(1) 引水没灌满。

(2) 吸水口漏在外面。

(3) 进水口底阀打不开。

(4) 出水口或进水口堵塞。

(5) 叶轮损坏。

(6) 叶轮螺母松脱。

(7) 泵体及填料漏气。

(8) 总装扬程超过水泵扬程。

(9) 内燃机转速过低或电动机电压不足。

(10) 水泵反转。

2. 排除方法

(1) 加满引水。

(2) 重新放好吸水口。

(3) 调整松动底阀。

(4) 清理堵塞。

(5) 更换叶轮。

(6) 紧固螺母。

(7) 调整或更换填料。

(8) 降低水泵的总装扬程。

(9) 排除内燃机故障、提高转速,或维修电动机电路、提高电压。

(10) 重新安装或调节电极(主要针对以电动机为动力的水泵)。

二、摇臂式喷头喷水但不能转动

1. 故障原因

(1) 水压流量不足。

(2) 摇臂转动部位有杂物。

(3) 摇臂轴弯曲。

(4) 摇臂弹簧断裂。

2. 排除方法

(1) 增加流量,提高水压。

(2) 清理杂物,加注润滑剂。

(3) 修正摇臂轴。

(4)更换摇臂弹簧。

本章小结

本章主要介绍了园林用离心式水泵的构造、工作过程、性能、型号、安装与使用维护的方法;喷灌系统的组成与类型,不同种类喷头的结构与原理以及喷灌系统的使用与维护的方法;微灌的种类,微灌系统的配套设备及其使用与维护的方法。重点介绍了各种类型灌水器的结构与工作过程。

复习思考

1. 简述离心式水泵的一般构造和工作过程。
2. 水泵安装时应注意什么问题?
3. 简述各种离心泵的型号及其含义。
4. 简述喷灌系统的组成。
5. 简述摇臂式喷头的构造与工作原理。
6. 简述微灌的种类。
7. 简述滴灌系统的组成。
8. 列举常见的微灌设备。

第8章 园林植保机具

本章导读

本章主要要了解手动喷雾器、机动喷雾机和弥雾喷粉机等园林植保机具的主要工作部件(如液泵、风机、空气室、喷头等)的构造与工作过程,并掌握它们的正确使用与维护保养的方法。

8.1 概 述

园林植物的病虫害防治是园林绿化作业的重要内容,它对保证园林植物的健康生长有重要意义。园林绿地中园林树木、草坪、花卉的病虫害防治方法很多,有农业技术防治、生物防治、物理和机械防治、化学药剂防治以及植物检疫等,但目前仍以化学防治最为迅速有效。因此,借助于施药机具进行化学防治仍是目前园林绿地病虫害防治的重要手段。

专门用于喷施化学药剂进行病虫害防治的机具称为植物保护机具,简称植保机具。其种类很多,按喷施药剂的种类分为喷雾机(器)、喷粉机等;按药液的雾化方式分为液力式、气力式、离心式、静电式等;按机具的运载方式分为手持式、担架式、背负式、拖拉机牵引式、拖拉机悬挂式、车载式和飞机配带式等;按动力来源分为手动、机动、电动和航空喷施等。本章着重介绍常见的手动喷雾器、机动喷雾机、弥雾喷粉机、喷杆喷雾机、喷雾车等。

8.2 手动喷雾器

8.2.1 工农-16型喷雾器

工农-16型手动喷雾器由药液筒、皮碗活塞式液泵、空气室及喷射部件等组成。

皮碗活塞式液泵为喷雾器的心脏部件,其功用是给药液加压,迫使药液通过喷头雾化并喷洒在作物上,主要由泵筒、塞杆、皮碗、进液阀、出液阀等组成,如图8.2.1所示。

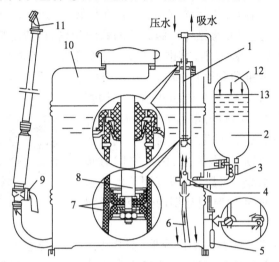

1：泵筒　2：空气室　3：出液阀　4：进液阀　5：摇杆
6：吸水管　7：皮碗　8：塞杆　9：开关　10：药液筒
11：喷头　12：压缩空气　13：安全水位线

图 8.2.1　工农-16 手动喷雾器示意图

喷头是喷雾器的主要部件,其功用是使药液雾化和使雾滴分布均匀。工农-16型喷雾器通常配用切向进液式、涡流芯式和涡流片式喷头。

切向进液式喷头主要由喷头帽、垫圈、喷孔片和喷头体组成,如图8.2.2所示。喷头体内腔有锥体芯,内腔和与之相切的输液斜道相通,喷孔片中央有喷孔。内腔与喷孔片之间构成涡流室。当压力药液由喷管进入输液斜道时,流通截面变小,流速增高,高速液流沿输液斜道以切线方向进入涡流室,绕锥体做高速旋转运动。药液在旋转离心力和喷孔内外压力差的作用下,从喷孔喷出,向四周飞散,形成空心锥体状的液膜,与空气撞击而破裂,分散成细小的雾滴,洒落到植株上。

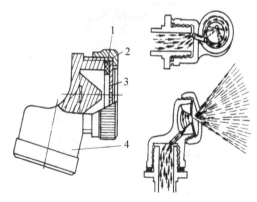

1：垫圈　2：喷头帽　3：喷孔片　4：喷头体
图 8.2.2　切向进液式喷头及雾化原理

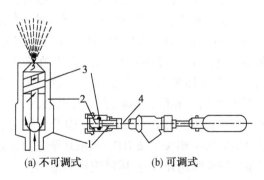

1：喷头体　2：喷头帽　3：涡流芯　4：调节杆
8.2.3　涡流芯式喷头

涡流芯式喷头的喷头帽中央有喷孔,涡流芯上有螺旋槽,芯的顶部与喷头帽之间有一定的距离,构成涡流室,如图8.2.3所示。当高压药液进入喷头沿螺旋通道而高速旋转进入涡流室时,液体沿螺旋槽方向做切线运动,形成涡流,在旋转中药液以高速从喷孔喷出,与相对静止的空气相撞而雾化,呈空心雾锥体。涡流芯的螺距越密,构成螺旋通道的截面也越小,流速加大,旋转运动加快,雾粒变细,雾锥体变大,射程变近。有的喷头可调节涡流室的深度,用以改变雾化程度、雾锥角和射程,涡流式可调喷枪就是这种结构。

涡流片式喷头(图8.2.4)与涡流芯式喷头结构基本相似,只不过以具有两个对称的螺旋槽斜孔的涡流片代替涡流芯而已,它由喷头帽、喷孔片、涡流片和喷头体组成。喷孔片和涡流片间形成涡流室,两片之间有垫圈,改变垫圈的厚度或增减垫圈数量,即可调节涡流室的深浅。涡流片式喷头的雾化原理与切向进液式及涡流芯式喷头相同。

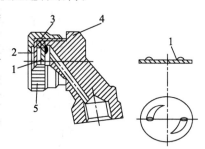

1:涡流片 2:喷孔片 3:垫圈
4:喷头体 5:喷头帽
图8.2.4 涡流片式喷头

空气室是一个贮存空气的密闭耐压容器,安装在出水阀座上,底部与出水接头相连,壳体上标有安全水位线。其功用是贮存液泵的压力能,使药液获得稳定而均匀的压力,保证药液连续均匀喷射,从而确保喷雾质量。

工作时,操作人员用手上下揿动摇杆手柄,通过连杆机构的作用,使活塞杆带动活塞在泵筒内做上下运动。当活塞上行时,活塞下腔形成局部真空,药筒的药液冲开进水阀进入泵筒,完成吸液过程。当活塞下行时,活塞下腔的药液被挤压,压力升高,进水阀被关闭,出水阀被打开,药液进入空气室,空气室空气被压缩,药液压力不断增大。此时打开开关,具有压力的药液经喷头雾化后喷洒出去。

8.2.2 NS-15型喷雾器

我国最近研制出的NS-15型喷雾器用塑料制作,其外形如图8.2.5所示。这种喷雾器采用大流量活塞泵,且活塞泵与空气室合二为一,置于药箱内,作业时可减少与作物相碰,还可避免空气室因过载破裂而对人体造成伤害。在泵体上设置了可调式安全限压阀,在药液箱盖上设置了防溢阀,并配有多种喷洒部件。根据使用的喷头和作业要求,在加注药液前,更换弹力不同的安全阀,可将工作压强分别设定在0.2MPa、0.4MPa、0.6MPa,药液压强超过预定值时,安全阀就开启,液体回流到药液箱。

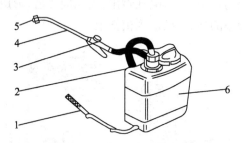

1:手柄 2:空气室 3:揿压式开关
4:喷杆 5:喷头 6:药液箱
图8.2.5 NS-15型喷雾器

NS-15型喷雾器的喷洒部件由喷雾软管、揿压式开关以及多种喷杆和喷头组成。揿压式开关可根据作业需要,长时间或短时间开启阀门,实现连续喷雾或点喷。喷杆的前端可直接安装喷头(图 8.2.5),也可配用各种喷杆,如图 8.2.6 所示。

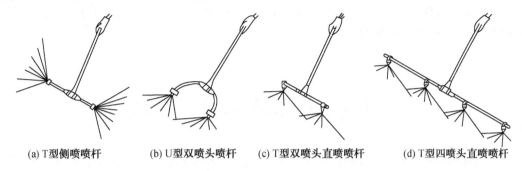

(a) T 型侧喷喷杆　　(b) U 型双喷头喷杆　　(c) T 型双喷头直喷喷杆　　(d) T 型四喷头直喷喷杆

图 8.2.6　NS-15 型喷雾器的喷杆

喷头有空心圆锥雾喷头、扇形雾喷头(狭缝式喷头)和可调喷头等几种,可以根据需要选用。空心圆锥雾喷头的工作压强为 0.3~0.6MPa,用于作物苗期和叶面喷雾。扇形雾喷头工作压强为 0.2~0.4MPa,装在 T 型直杆上,用于宽幅全面喷雾。可调喷头的工作压强为 0.2~0.4MPa,装在直喷杆上,拧转调节帽可改变雾流的形状和射程。向前拧,雾锥角变小,雾滴较粗,射程变远;向后拧,雾锥角变大,雾滴较细,射程变近。

8.2.3　使用与维护

一、使用方法

(1) 活塞泵新皮碗使用前应在润滑油或动物油中浸泡 24h 以上(不要用植物油浸泡)。

(2) 安装活塞杆组件,可先向气筒内壁滴入少许润滑油,将皮碗的一边斜入筒内,旋转塞杆,同时另一只手将皮碗周边压入筒内,扶正塞杆,垂直装入。切忌强行塞入。

(3) 加注药液时,应先过滤,防止杂质堵塞喷孔。液面的高度不应超过桶身外部标明的水位线,否则工作中泵盖处可能溢漏。

(4) 背负作业时,撬动摇杆泵液以 18~25 次/min 为宜。工农-16 型操作中不可弯腰,以免药液溅出。泵入空气室中的药液不许超过安全水位线。一旦超过,应立即停止泵液,以免空气室裂破。

(5) 正式喷洒前,应先用清水试喷,检查是否漏水,喷雾是否正常。发现异常,及时排除。

(6) 要根据不同作物、不同生长期和病虫害种类,选用不同孔径的喷孔片。喷头配有两种喷孔片,大孔片(直径 1.6mm)适于大作物,小孔片(直径 1.3mm)适于苗期使用。

(7) 要根据需要选用合适的喷杆,NS-15 型喷雾器的 T 型双喷头和四喷头直喷喷杆适用于宽幅全面喷洒,U 型双喷头喷杆可用于作物行上喷洒,侧向双喷头喷杆适用于在行间两侧作物的基部喷洒。

二、维护保养

(1) 作业结束后要倒净残存药液,并用清水喷洒几分钟,以冲洗喷射部件。如果喷洒的是油剂或乳剂药液,要先用热碱水洗涤器具,再用清水冲洗。

(2) 拆下喷射部件,打开开关,流尽废水。卸下泵筒,倒出积水,擦干。将皮碗取下放入润滑油或动物油内浸透,重新装好。将喷雾器放在阴凉干燥处。

(3) 如长时间不用,应把药液桶内外都擦洗干净,并在各接头部分涂润滑脂,以防生锈。皮碗应取出用纸包好,到使用时再装。

8.3 担架式机动喷雾机

担架式机动喷雾机是由发动机带动液泵产生高压,用喷枪进行宽幅远射程喷雾的植保机具。常见机型有工农-36型(3WH-36型)、3WZ-40型和JF-40型等。下面以工农-36型机动喷雾机为例介绍机动喷雾机的构造、工作及使用维护方法。

8.3.1 构造与主要工作部件

工农-36型机动喷雾机主要由动力机(柴油机、汽油机或三相电动机)、三缸活塞式液泵、进液管、吸水滤网、混药器、空气室、调压阀、压力指示器、截止阀、喷射部件、机架等组成,如图8.3.1所示。

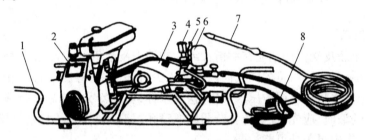

1:机架　2:发动机　3:泵体　4:调压阀　5:压力指示器　6:空气室　7:喷洒部件　8:吸水滤网
图8.3.1　工农-36型机动喷雾机

三缸活塞泵由三缸并联,并由曲柄连杆机构使三缸依次工作,主要由曲轴、曲轴箱、连杆、活塞杆、胶碗活塞组、泵筒和出液阀等组成,如图8.3.2所示。该泵的结构特点是,进液阀装在活塞上。整个活塞组件由平阀片、孔阀片、三角套筒、胶碗和胶碗托组成。活塞杆右移时,活塞胶碗及胶碗托前端面与孔阀片接触,后端面与平阀片间出现空隙,在平阀片、三角套筒与孔阀片之间构成了药液通道。出液阀在弹簧作用下与阀座紧贴而关闭。随着活塞继续右移,泵筒前腔容积增大,压力减小,在压力差的作用下,后腔药液经空隙通道被吸入前腔,完成吸液过程[图8.3.2(a)]。活塞杆左移时,活塞前方的药液使活塞胶碗及胶碗托右移,胶碗托后端面与平阀片贴紧,泵筒前腔与后腔不再相通。随着活塞继续左移,压缩前腔药液,使药液压力增高,顶开出液阀,进入空气室和出液管。同时,泵筒后腔因容积增大而产生负压,药箱的药液便经吸水滤网、进液管被吸入泵筒后腔[图8.3.2(b)]。下一循环重复上述过程。三缸活塞泵的转速为700~800r/min,排液量为36~40L/min。

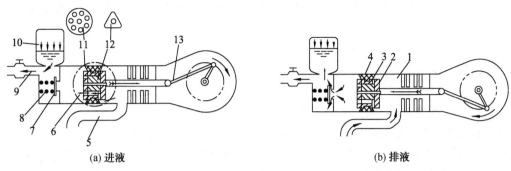

(a) 进液　　　　　　　　　　　　　　　(b) 排液

1：泵室　2：平阀片　3：胶碗托　4：胶碗　5：吸液管　6：活塞组　7：排液阀　8：弹簧　9：排液管　10：空气室　11：孔阀片　12：三角套筒　13：连杆

图 8.3.2　三缸活塞泵

空气室对液泵起稳定压力作用,以保证均匀、持续的喷雾。调压阀用来控制喷雾机的喷射压力。当空气室内的液体压力超过弹簧对阀门的压力时,液体使阀门开大,回流量增加,空气室内的压力即下降到调压阀所调节的压力,此时回流量相应减少。压力指示器显示液体压力大小,通常安装在调压阀的接头上,和调压阀连在一起,弹簧伸缩推动标杆上下,由指示帽的刻线指示液泵的压力。截止阀连接在空气室座上,当需要排液时,打开截止阀,可协助调压阀调整液泵的工作压力。

喷雾机上有时配有自动将母液(较浓的药液)与水按一定比例混合的装置,称为混药器,它由滤网、透明塑料管、T 形接头、玻璃球、衬套、管封、射流体和射嘴等组成,如图 8.3.3 所示,安装在截止阀和排液管之间。工作时,打开截止阀,当高压水流通过混药器内的小孔时,产生高速射流,此射流使混合室内产生足够的真空度,将母液从桶中吸入混药器与水自动混合。混合液经衬套扩散时,被进一步混合均匀,然后经输液胶管送至喷枪喷出。采用普通喷枪近射程喷雾时,需卸下混药器和远射程喷枪,换上 Y 形接头和普通喷枪或果园用可调喷枪,然后将吸水滤网放入配制好药液的箱内,即可进行工作。

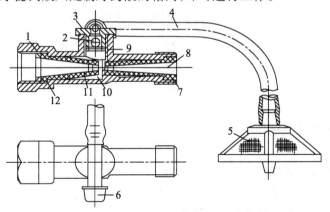

1：垫圈　2：玻璃球　3：T 型接头　4：吸药管　5：吸药滤网　6：管封　7：衬套　8：渐扩管　9：销套　10．混合室　11：射流嘴　12：垫圈

图 8.3.3　射流式混药器

工农-36 型喷雾机具有压力高、排液均匀、射程远和自吸能力强等优点,但结构比较复杂。

8.3.2 担架式机动喷雾机的工作原理

担架式机动喷雾机的工作过程如图 8.3.4 所示。动力机起动后,通过皮带传动,带动三缸活塞泵曲轴旋转,曲轴通过连杆和活塞杆驱动胶碗活塞组做往复运动。活塞组运动时将水吸入泵室后,再将水压入空气室。当水连续压入空气室后,空气室内的水不断增多并压缩空气而产生高压。高压水流经截止阀、混药器流到喷枪。水流经混药器时,将母液吸入混药器与水混合后,送入喷枪喷出而雾化。

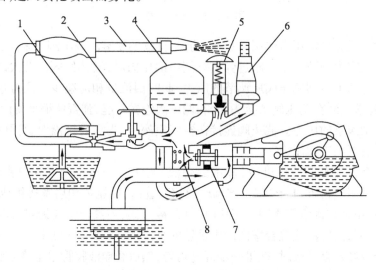

1:混药器 2:截止阀 3:喷枪 4:空气室 5:调压阀
6:压力指示器 7:胶碗活塞组 8:出水阀

图 8.3.4 工农-36 型机动喷雾机工作过程

喷枪的喷雾压力是由调压阀控制的。当空气室压力大于调压阀弹簧的压力时,液体就顶起调压阀锥阀,使液体流回泵室,直到空气室压力减小,阀门关闭,液体停止回流。将调压手柄顺时针旋转时,压力增大,反之压力减小。

8.3.3 使用与维护

一、使用前的准备工作

(1) 对机组进行全面检查,使之处于良好的技术状态。检查皮带的张紧度和各部件连接螺钉的紧固情况,必要时进行调整或紧固。

(2) 放平稳机组,检查曲轴箱内润滑油面,如低于油位线应进行添加。

(3) 根据不同作物喷药要求,选用合适的喷头或喷枪。对施药量较少的作物,在截止阀前装上三通(不装混药器)及两根内径为 8mm 的喷雾胶管,用小孔径的双喷头普通喷枪;对施药量较大的作物,用大孔径的四喷头普通喷枪(图8.3.5);对临近水源的较高果树,用果园用可调喷枪(图8.3.6);对高大树木或较远的作物,可在截止阀前装上混药器,再依次安装内径为13mm的喷雾胶管和远射程喷枪(图8.3.7)。

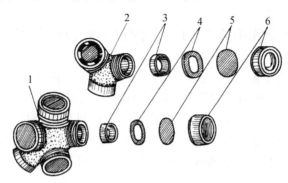

1、2:喷头体 3:衬圈 4:垫片 5:喷孔片 6:喷头帽
图8.3.5 多头喷头

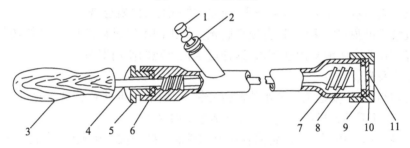

1:进液管接头 2、5:压帽 3:手柄 4:芯杆 6:密封圈
7:喷头体 8:涡流芯 9:垫圈 10:喷头帽 11:喷孔片
图8.3.6 果园用可调型喷枪

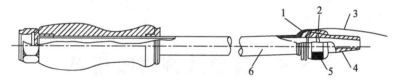

1:并紧帽 2:垫圈 3:扩散片 4:喷嘴 5:喷头帽 6:枪管
图8.3.7 远射程喷枪

(4)使用喷枪和混药器时,先将吸水滤网放入水田或水沟里(水深必须在5m以上),然后装上喷枪,开动液泵,用清水进行试喷,并检查各接头有无漏水现象。在水田吸水时,吸水滤网上要有插杆。

(5)混药器只与喷枪配套使用,要根据机具吸药性能和喷药浓度,确定母液稀释倍数,配制母液。

(6)机具如无漏水即可拔下T形接头上的透明塑料吸引管。拔下后,如果T形接头孔口处无水倒流,并有吸力,说明混药器完好正常,就可在T形接头的一端套上透明塑料吸引管,另一端用管封套好,将吸药滤网放进事先稀释好的母液桶内,开始喷洒作业。

二、操作步骤

(1) 先将调压手轮朝"低"方向慢慢旋松几转,再将卸压手柄按顺时针方向扳足,位于"卸压"位置上,并关闭截止阀。

(2) 起动动力机。

(3) 如果动力机和液泵的排液量正常,就可打开截止阀,将卸压手柄按逆时针方向扳足,位于"加压"位置上。

(4) 逐渐旋转调压手轮,直至压力达到正常喷雾要求为止(顺时针旋转调压手轮,压力增加;逆时针旋转调压手轮,压力降低)。调压时应由低压向高压调节。

(5) 短距离田间转移,可暂不停机,但应降低动力机转速,将卸压手柄扳到"卸压"位置,关闭截止阀,提起吸水滤网使药液在泵内循环。转移结束后,立即将吸水滤网放入水源内,提高动力机转速,并将卸压手柄扳到"加压"位置,打开截止阀,恢复正常喷雾。

三、使用注意事项

(1) 工作中要不断搅拌药液,以免沉淀,保证药液浓度均匀。但切忌用手搅药。

(2) 喷枪停止喷雾时,将卸压手柄按顺时针方向扳足,待完全减压后,再关闭截止阀。

(3) 压力表指示的压力如果不稳定,应立即"卸压",停机检查。

(4) 液泵不可脱水空运转,以免损坏胶碗。如田间不停机转移时,应严格按照上述步骤操作。最好工作前先将液泵内注满水,这样可延长胶碗的使用寿命。

四、维护保养

(1) 工作结束后,要继续用清水喷洒数分钟,以清洗内部残存药液。停机后,卸下喷雾胶管,缓慢转动几下动力机(不要发动),以排净泵内存水。

(2) 液泵工作 200h 左右,应将曲轴箱内润滑油更换一次。更换前,先放净污油,再从加油口加入煤油或柴油,清洗内部,放净后换上新的润滑油。

(3) 如果机组长期存放,要彻底排净泵内积水,拆下皮带、胶管、喷头、混药器等部件,洗净擦干,随同机器存放于干燥、阴凉之处。

8.4 背负式弥雾喷粉机

我国生产的背负式机动弥雾喷粉机,是一种带有小型动力机械的轻便、灵活、高效率、较先进的植保机具。该机除可以进行弥雾、喷粉作业外,更换某些部件后还可进行超低量喷雾、喷撒颗粒肥料、喷洒作物生长调节剂、喷洒除草剂、喷施烟剂等作业。目前,我国常见机型有 WFB-18AC 型、WFB-18BC 型、3WF-3 型、3MF-26 型、3MF-2A 型、3MF-4 等。下面以 WFB-18 型为例介绍其构造、使用和维护保养的方法。

8.4.1 背负式弥雾喷粉机的构造

背负式弥雾喷粉机主要由机架、汽油机、风机、药箱和喷施部件等组成,如图8.4.1所示。

一、机架

机架分为上下两部分,上机架用于安装药箱和油箱,下机架用于安装风机和汽油机。

二、风机

风机在汽油机的带动下产生高压、高速气流,以进行弥雾和喷粉。风机上方有小的出口,通过进风阀将部分气流引入药箱,弥雾时对药液加压,喷粉时松散药粉。

三、药箱

药箱可以盛液剂,也可盛粉剂,只是箱内的部件不同,如图8.4.2、图8.4.3所示。弥雾作业时,药箱内设有滤网、进气软管和进气塞;喷粉作业时,药箱内设有吹粉管组件。

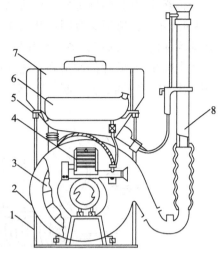

1:下机架 2:离心风机 3:风机叶轮
4:汽油机 5:上机架 6:油箱
7:药液箱 8:喷施部件

图8.4.1 背负式弥雾喷粉机

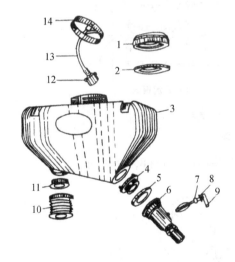

1:药箱盖 2:密封圈 3:箱体 4:压紧螺圈
5、7:密封垫 6:粉门体 8:压紧螺丝
9:粉门轴焊合 10:接风管 11:进风胶圈
12:进气塞 13:进气管 14:过滤网

图8.4.2 弥雾作业时的药箱总成

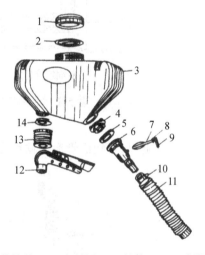

1:药箱盖 2:密封圈 3:箱体 4:压紧螺圈
5、7:密封垫 6:粉门体 8:压紧螺丝
9:粉门轴焊合 10:喉箍 11:输粉管
12:吹粉管组件 13:接风管 14:进气胶圈

图8.4.3 喷粉作业时的药箱总成

四、喷施部件

喷施部件依作业内容不同需进行适当更换。

弥雾作业时,喷施部件由风机弯头、输液管、蛇形管、直管、弯管和弥雾喷头组成,如图8.4.4所示。弥雾喷头有固定叶轮式[图8.4.5(a)]和阻流板式[图8.4.5(b)]两种,前者在喷嘴体的外圈固定着多个小叶片,叶片扭曲一定的角度,在每一叶片前端有一小孔,药液从小孔喷出,经叶片的冲击和高速气流的剪切将药液吹散成细小雾滴;后者由喷嘴盖和喷嘴座组成,用螺钉固定在一起,其上有多个导风孔和多个喷孔。

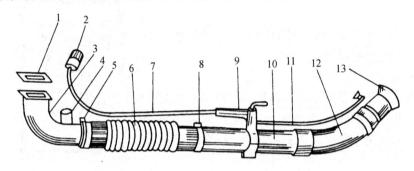

1:垫圈 2:出水塞 3:弯头 4:进粉口 5,8:喉箍 6:大蛇形管 7、11:输液管
9:把手组合 10:直管 12:弯管 13:喷头

图8.4.4 弥雾作业喷管装置

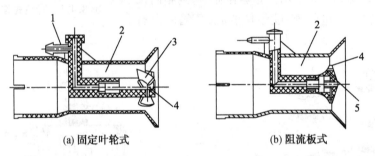

(a)固定叶轮式　　　　　　(b)阻流板式

1:输液管 2:喷管 3:扭转式叶片 4:喷孔 5:导风孔

图8.4.5 弥雾喷头

喷粉作业时,将输液管换成输粉管,再卸下弥雾喷头即可,如图8.4.6所示。

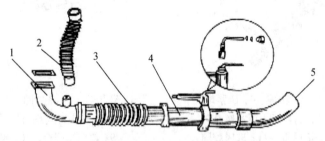

1:弯头 2:小蛇形软管 3:大蛇形软管 4:直管 5:弯管

图8.4.6 喷粉作业喷管装置

大面积喷粉作业时,将喷粉作业中蛇形管以后的部分换成长塑料薄膜喷粉管,并将弯头顺时针旋转90°即可,如图8.4.7所示。

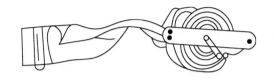

图 8.4.7　长薄膜喷管

超低量弥雾作业时,只需将弥雾喷头换成专用的超低量离心式喷头,如图 8.4.8 所示。根据雾化元件结构的不同,超低量离心式喷头可分为转笼式和转笼式两种。转笼式离心喷头的雾化元件是一个周边带齿的双层圆盘,齿盘上有风轮,在气流作用下高速旋转,药液从

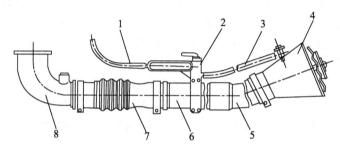

1、3：输液管　2：手把开关　4：超低量喷头　5、8：弯管　6：直管　7：蛇形管

图 8.4.8　超低量喷雾喷管装置

轴心进入齿盘,被抛出去雾化。这种喷头用于手持式超低量喷雾器和背负式风送喷雾机上。图 8.4.9 为转盘式离心喷头结构示意图,图 8.4.10 为转笼式离心喷头工作示意图。转笼式离心喷头的雾化元件是圆柱状金属丝网,与一风轮固定在一起,喷雾时靠强劲的气流驱动而高速旋转,药液经空心轴进入转笼,在旋转中沿转笼四周抛散出去雾化成细小雾滴。这种喷头对喷雾量的变化适应范围大,多用于航空喷雾设备,药剂不需稀释或只需加极少量的稀释水,雾滴直径小、分布均匀、附着力强,用药量少而药效持久。

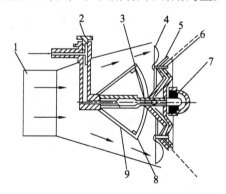
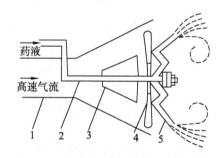

1：喷口　2：流量调节开关　3：空心轴　4：驱动叶轮
5：后齿盘　6：前齿盘　7：轴承　8：分流锥盖　9：分流锥

图 8.4.9　转盘式离心喷头结构示意图

1：喷管　2：空心轴　3：分流锥
4：风轮　5：转笼

图 8.4.10　转笼式离心喷头工作示意图

8.4.2 背负式弥雾喷粉机的工作

工作时,汽油机驱动离心式风机,产生具有一定压力的高速气流。药箱中的药液或药粉连续不断地被输送到喷洒部件,然后依靠高速气流的作用,完成药液的雾化、粉剂与空气的均匀混合以及雾粉的喷施。具体工作过程分弥雾过程和喷粉过程。

一、弥雾过程

如图8.4.11所示,内燃机带动风机旋转,产生高速气流,并在风机出口处形成一定的压力。大部分高速气流经进风阀、进气塞、软管、过滤网进入药箱内,使药箱内形成一定的压力。药液在压力的作用下经粉门、出水塞、输液管、开关流到喷头,从喷嘴上的喷孔流出,在喷管的高速气流冲击下,弥撒成细小的雾滴,被吹向远方。

二、喷粉过程

如图8.4.12所示,内燃机带动风机旋转,产生高速气流,大部分气流流向喷管,一部分经进风门进入吹粉管,并从吹粉管上的小孔吹出,使药粉松散,被吹向粉门。输粉管有负压,在负压与吹力的共同作用下,将粉剂输送到喷管,被高速气流吹向远方。

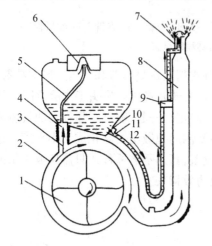

1:风机叶轮 2:风机外壳 3:进风阀
4:进气塞 5:软管 6:滤网 7:喷头
8:喷管 9:开关 10:粉门
11:出水塞接头 12:输液管

图8.4.11 弥雾原理

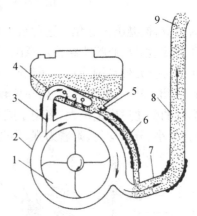

1:风机叶轮 2:风机外壳 3:进风阀
4:吹粉管 5:粉门 6:输粉管
7:弯管 8:喷管 9:喷口

图8.4.12 喷粉原理

8.4.3 背负式弥雾喷粉机的使用

一、弥雾作业

首先组装有关部件,使整机处于弥雾作业状态。工作时汽油机带动风机叶轮高速旋转,大部分气流从喷管喷出,小部分气流经进气塞、进气管到达药液顶部对药液加压。当打开开关时,药液便经输液管从喷头喷出,被气流吹散成雾并送向远方。

弥雾作业时,要注意以下事项:

(1) 加药液前先用清水试喷一次,检查各处有无渗漏现象,然后配制加添药液。弥雾喷粉采用高浓度、小喷量,其用药量约是手动喷雾器所用药量的 5~10 倍。加液时必须用滤网过滤,不要过急、过满,不要超过药箱容积的 3/4,以免药液从过滤网出气口处溢进风机壳内,腐蚀风机。药液必须干净,以防喷嘴堵塞。加液后务必拧紧药箱盖。

(2) 机手背起机器后,调整手油门,使汽油机稳定在额定转速 5000r/min 左右,开启药液开关,然后以一定的步行速度和行走路线进行作业。在喷洒过程中,要随时左右摆动喷管,以控制喷幅和均匀性。

(3) 做好防止中毒措施,喷药应顺风,不可逆风。

(4) 因早晨风小,并有上升气流,射程会更高些,所以对较高作物在早晨进行喷洒较好。

二、喷粉作业

首先使药箱和喷管处于喷粉作业状态。工作时,汽油机带动风机叶轮高速旋转,大部分气流从喷管喷出,小部分气流经出风口进入药箱由吹粉管吹出,在吹粉管导流作用下,药粉被吹向粉门体,当打开粉门时,药粉经输粉管进入喷管,被气流吹散并送向远方。

喷粉作业要注意以下事项:

(1) 添加的药粉应干燥、过筛,不得有杂物和结块。不停机加药时,汽油机应处于低速运转,并关闭粉门。

(2) 喷粉作业要注意利用外界风力和地形,从上风向往下风向喷撒效果较好。

三、长薄膜喷粉作业

用长薄膜喷管喷粉需要两人协作,一人背机操纵,另一人拉住喷管的另一端,工作中两人平行同步前进。作业时应注意以下事项:

(1) 喷粉时先将长薄膜塑料管从小绞车放开,再调节油门加速(注意加速不要过猛,转速不要过高,能将长喷管吹起即可)。然后调整粉门进行喷撒。为防止喷管末端积存药粉,作业中,拉住喷管一端的人员应随时抖动喷管。

(2) 长薄膜喷管上的小出粉孔应成 15°角斜向后下方,以便药粉喷到地面上后返弹回来,形成一片雾海,提高防治效果。

(3) 使用长薄膜喷管,应逆风喷撒药粉。

四、超低量弥雾作业

超低量弥雾作业喷洒的是油剂农药,药液浓度高,为飘移积累性施药。风机高速旋转产生的高速气流经喷管导入喷口,在超低量弥雾喷头和高速气流的双重作用下,药液被撕裂成细小雾滴,喷洒在防治对象上。

作业时要注意以下事项:

(1) 应保持喷头呈水平状态或有 5°~10°的喷射角。自然风速大,喷射角应小些;自然风速小,喷射角应大些。喷头距离作物顶部高度一般为 0.5m。

(2) 弥雾时的行走路线和喷向应视风向而定,喷向要与风向一致或稍有夹角。喷射顺序应从下风向依次往上风向进行。

(3) 要控制好行走速度、有效喷幅及药液流量。

(4) 地头空行转移时,要关闭直通开关,汽油机要怠速运转。

8.4.4　背负式弥雾喷粉机的维护保养

一、日常保养

（1）将药箱内残存的粉剂或药液倒出。
（2）用清水洗刷药箱、喷管,清除机器表面的油污尘土,但汽油机勿需洗刷。
（3）检查各零件螺钉有无松动、脱落,必要时紧固。
（4）用汽油清洗空气滤清器,滤网如果是泡塑件,应用肥皂水清洗,喷粉作业后,需清洗化油器。

二、长期存放

长期存放前要放净燃油,全面清洗油污、尘土,并用肥皂水或碱水清洗药箱、喷管、喷头,然后用清水冲净并擦干。金属件涂防锈油,脱漆部位涂防锈漆。取下汽油机的火花塞,注入10~15g 润滑油,转动曲轴3~4 转,然后将活塞置于上止点,最后拧紧火花塞用塑料袋罩上,存放于阴凉干燥处。

8.5　喷杆喷雾机

喷杆喷雾机一般与拖拉机配套使用,装有喷杆的植保机具如图 8.5.1 所示。它具有结构简单、操作调整方便、喷雾速度快、喷幅宽、喷雾均匀、生产率高等特点,适用于在大型苗圃、大面积草坪等场所喷洒化学除草剂和杀虫剂。喷杆式喷雾机种类和型号较多,按喷杆的形式可分为横杆式和吊杆式;按与拖拉机连接的方式分为悬挂式、固定式和牵引式。

图 8.5.1　喷杆喷雾机工作示意图

8.5.1　喷杆喷雾机的构造

喷杆喷雾机主要由药液箱、液泵、药液搅拌器、喷射部件、管路控制系统等构成,如图

8.5.2所示。

药液箱用来盛装药液,它由箱体、箱盖、加液滤网、药液搅拌器等组成,上方设置有加液口,下方设置有出液口。液力式搅拌器是目前最常用的一种药液搅拌器,水平置于药箱底部,由液泵排出的药液分出一部分引入搅拌管,由许多小孔喷出,起搅拌作用。有些喷杆喷雾机上,使用机械式或气力式的搅拌器。

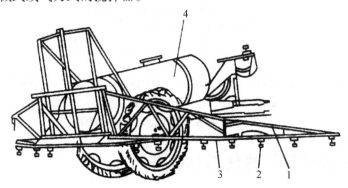

1:喷杆桁架 2:喷头 3:喷杆 4:药液箱
图8.5.2 拖拉机牵引式喷杆喷雾机外形

液泵是给药液加压的装置,由动力机驱动,常用的有活塞隔膜泵和转子泵。

喷射部件由喷头、防滴装置和喷杆桁架机构组成。适用于喷杆喷雾机的常用喷头主要有切向进液式喷头(图8.2.2)、涡流芯式喷头(图8.2.3)和狭缝式喷头(图8.5.3)。前两者呈空心锥形雾状;后者呈扇形,在喷头中心部位处雾量较大,往两边递减,因此在喷杆上安装时应注意相邻喷头的雾流有一定交错重叠,使整机喷幅内雾量均匀分布。防滴装置是为了消除停顿时药液在剩余压力作用下沿喷头滴漏而造成药害。

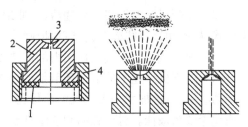

1:垫圈 2:喷嘴 3:喷孔 4:压紧螺母
图8.5.3 狭缝式喷头结构与雾化原理

喷杆桁架用来固定喷头和支撑药液胶管,展开后实现宽幅均匀喷洒,按喷杆长度的不同,桁架可以是三节、五节或七节组成,除中央喷杆外,其余各节可以向后、向上或向两侧折叠,以便于运输和停放。目前,国外较先进的喷杆喷雾机,喷杆的伸展和收缩是由液压驱动、自动进行的。

管路控制系统包括调压阀、压力表、安全阀、截流阀和分配阀。分配阀把从液泵输出的药液均匀地分配到各节喷杆中去,它可以控制每一节喷杆喷雾的开闭,如图8.5.4所示。

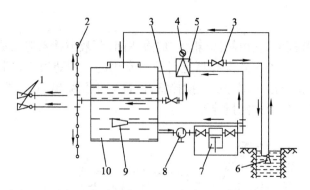

1：喷头　2：喷杆　3：安全阀　4：压力表　5：截流阀　6：射流泵
7：活塞隔膜泵　8：吸入过滤器　9：液力搅拌器　10：药液箱

图8.5.4　喷杆喷雾机管路系统示意图

8.5.2　喷杆喷雾机的使用与保养

（1）喷雾前按使用说明书要求，做好机具的准备工作，如拖拉机与喷杆牵引或悬挂部件等的连接；润滑各运动部件；拧紧已松动的螺钉、螺母；对轮胎进行充气等。检查各旋转部件是否灵活，输液系统是否畅通和有无渗漏等现象，做好使用前的保养工作。

（2）在药液箱内先装入一些清水，原地开动喷雾机，在工作压力下喷雾，观察各喷头雾流形状，如有明显流线或歪斜，应更换喷头。

（3）根据风力大小或雾化压力的需要以及作业情况的不同，适当调整液泵的工作压力。

（4）喷雾机作业中的重要环节是彻底而又充分地搅拌药液。一般是先加水，加水时就应起动液泵，一边加水一边让液力搅拌器搅拌。水加至一半时，再边加水边加入药物，这样可使搅拌效果最佳。对于乳油和或湿性粉剂一类药物，应事先在小容器内加水混合成乳剂或糊状物后再加到药箱中。

（5）作业时，驾驶员应把喷杆喷雾机的喷幅宽度在现场作上标记，以免进行第二行喷洒时找不到上一行喷洒作业的边缘而漏喷或重喷。同时，驾驶员必须保持机具前进的速度和方向，不能忽快忽慢或偏离行走路线，以免造成喷洒不均匀。一旦发现喷头有堵塞、泄漏、偏雾、线状雾等不正常情况，应及时排除。

（6）喷雾时，应根据风向选择好行车路线，即行车路线要略偏向上风方向。一般风力超过4级应停止作业，以免影响防治效果及雾滴被风刮到相邻地段造成药害或环境污染。

（7）无密封式驾驶室的驾驶人员应采取戴口罩和安全镜、穿长袖衣服等防护措施。在清洗、更换喷头或添加药液时应戴胶手套。严禁边作业边吃东西或抽烟，以防中毒。

（8）每天作业结束后应排空药箱内的残液，并用肥皂水仔细清洗药箱、过滤器和喷嘴。最后用清水冲洗整个喷雾系统，并将洗涤水排掉。

（9）喷头过滤网、药液箱出口处的过滤器、滤网、调压分配阀等部件至多隔两个作业班次就要清洗一次。

（10）定期检查液泵内的润滑油量，不足时应及时添加。

8.6 喷 雾 车

喷雾车是目前应用较多、综合防治效果较好的一种病虫害防治机械。通常它是以汽车为动力和承载体的多功能喷洒设备,主要用于运动场和高尔夫球场草坪的喷雾作业。喷雾车配置一些附件,也可以用于喷灌、路面洒水或城市路边绿化的喷雾,因而在草坪、园林绿化作业中广泛应用。喷雾车按药液雾化过程不同,可分为液力喷雾车和气力喷雾车两类。

液力喷雾车以汽车的动力通过动力输出驱动液泵工作,把药液提高到一定压力,经液力喷头或喷枪使药液雾化后喷射到植株上。其功能、结构和工作原理与机动喷雾机基本相似,一般都是以液泵对药液加压,然后经输液管道输至喷枪或喷头,如图8.6.1 所示。

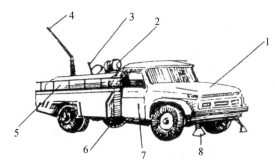

1:载重汽车 2:输液管 3:喷雾枪
4:喷灌枪 5:液箱 6:液泵
7:操作控制室 8:洒水装置
图 8.6.1　液力喷雾车的基本构造

气力喷雾车又称风送喷雾车,是以汽车为其主体和行走部分。液泵产生的高压液体在喷射装置出口的液力喷头进行雾化,轴流风机产生的高速气流经风筒吹向喷射口,使雾滴进一步细碎雾化,再把细小的雾滴传送到作业对象上。气力喷雾以高速气流为载体,具有射程远,雾流穿透性强,雾滴沉降慢,附着性好等优点。与液力喷雾相比,它的药液流失量大为降低,既节省了药剂,也减少了对环境的污染。目前,较先进的喷雾车已装上遥控设备,大大提高了其自动化程度。图 8.6.2 为 D2000 型遥控车载式远射程风送喷雾车外形。

图 8.6.2　D2000 型遥控车载式远射程风送喷雾车

案例分析

一、担架式机动喷雾机吸不上水或吸水很少

1. 故障原因

(1) 泵内有空气循环。

(2) 吸水管破裂。

(3) 吸水管与泵间漏气。

(4) 出水阀弹簧折断或磨损。

(5) 胶碗损坏。

(6) 平阀与胶碗托间有杂物或零件磨损。

(7) 发动机动力不足,三角带松驰,使液泵转速低。

2. 排除方法

(1) 逆时针方向扳足调压手柄,并打开截止阀排气。

(2) 修补或更换吸水管。

(3) 拧紧接头螺母或更换垫圈。

(4) 清除杂物或更换新弹簧。

(5) 更换新的胶碗。

(6) 清除杂物或更换新件。

(7) 张紧皮带,提高转速。

二、背负式弥雾机喷雾量减少或喷不出雾

1. 故障原因

(1) 喷管堵塞。

(2) 开关堵塞。

(3) 进气阀未打开。

(4) 药箱盖漏气。

(5) 发动机转速下降。

(6) 药箱内进气管拧成螺旋形。

(7) 过滤网组件通气孔堵塞。

2. 排除方法

(1) 旋下清洗喷嘴。

(2) 旋下清洗转芯。

(3) 开启进气阀。

(4) 检查胶圈是否垫正,盖严箱盖。

(5) 提高发动机转速。

(6) 重新安装进气管。

(7) 清除堵塞物,使其通畅。

本章小结

植保作业可使园林作物免受病、虫、草的危害,喷雾器是最简便、实用的植保机具,大面积使用的是机动喷雾机。植保机具一般包括药液(粉)箱、喷射部件、药液泵或风机。弥雾喷粉机通过对药箱、喷管、喷头的不同组装,能实现一机多用,可以实施弥雾、喷粉和超低量喷雾。另外,还对喷杆喷雾机和喷雾车进行了简单介绍。

 复习思考

1. 手动喷雾器的喷孔直径、喷射压力变化时,对喷雾质量有何影响?
2. 喷雾器的维护、存放应注意哪些问题?
3. 弥雾喷粉机在弥雾、喷粉、超低量喷雾时如何组装成各种作业状态?
4. 简要说明弥雾喷粉机的起动步骤和使用方法。
5. 植保机具的安全操作有哪些内容?

参 考 文 献

1. 顾正平,沈瑞珍,刘毅.园林绿化机械与设备.北京:机械工业出版社,2002
2. 王乃康,茅也冰,赵平.现代园林机具.北京:中国林业出版社,2001
3. 张智华.农业机具使用与维护.北京:中国农业出版社,2001
4. 姚锁坤.草坪机械.北京:中国农业出版社,2000
5. 陈传强.草坪机械的使用与维护手册.北京:中国农业出版社,2002
6. 江苏省淮阴农业学校.农业机具的构造与使用.北京:农业出版社,1990
7. 俞志和.农用电动机的正确使用与修理.天津:天津科学技术出版社,1982
8. 马进庚.园艺机械.北京:中国农业出版社,1994
9. 梁灿彬.三相鼠笼电动机修理.北京:农业出版社,1979
10. 沈裕钟.电工学(第三版).上海:高等教育出版社,1982
11. 俞国胜,李敏,孙吉雄.草坪机械.北京:中国林业出版社,1999